口絵１　コアホウドリの捕定　→p. 5

口絵２　ウトウにおける嘴峰高（左）およびふしょ長を測定する際（右）の捕定とノギスの当て方 →p. 7

口絵 3　1 個体のハシボソミズナギドリの後胃の内容物　→p. 64

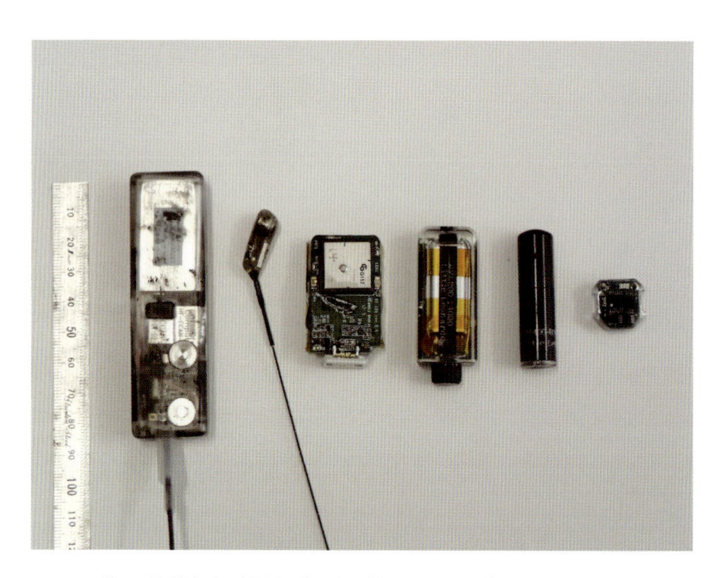

口絵 4　移動追跡や採食行動研究に使われるさまざまな装置　→p. 76

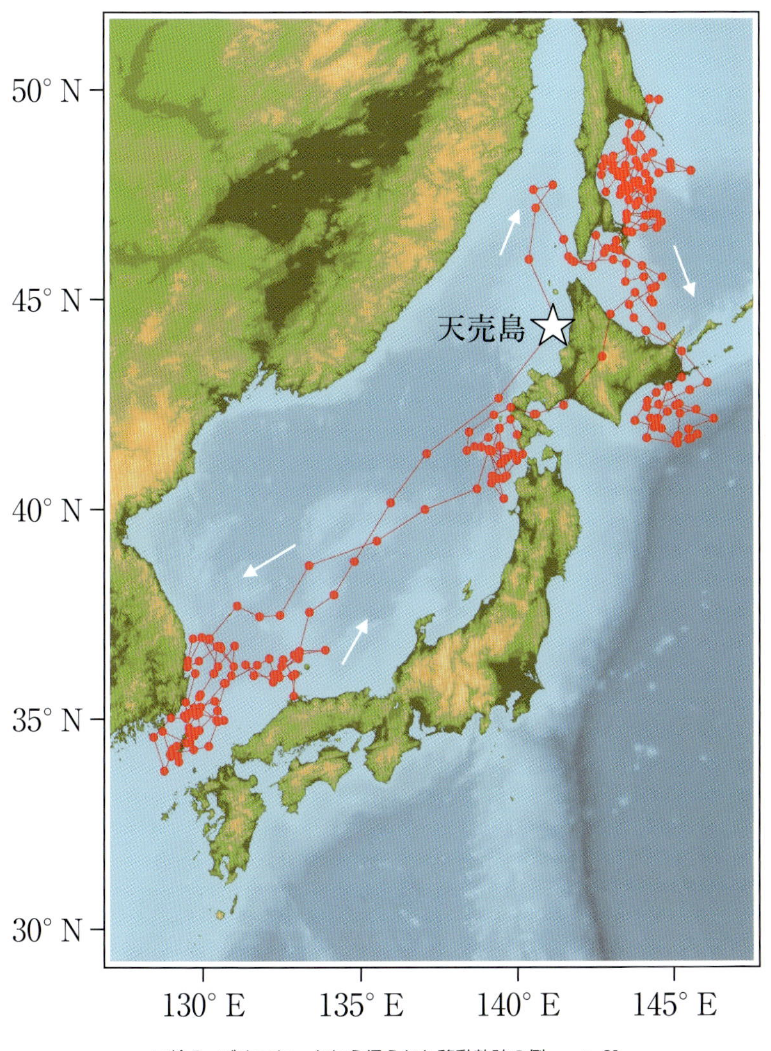

口絵 5　ジオロケータから得られた移動軌跡の例　→p. 81

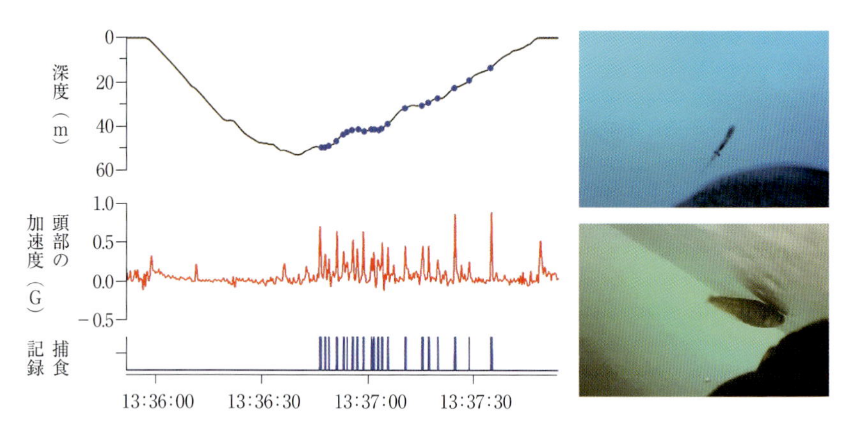

口絵 6　アデリーペンギンの潜水中の捕食記録の例　→p. 99

口絵 7　マユグロアホウドリに装着したカメラロガーから得られた写真　→p. 102

生態学フィールド調査法シリーズ

7

占部城太郎
日浦　勉　編
辻　和希

海鳥の
モニタリング調査法

綿貫　豊・高橋晃周　著

共立出版

本シリーズの刊行にあたって

錯綜する自然現象を紐解き，もの言わぬ生物の声に耳を傾けるためには，そこに棲む生物から可能な限り多くの，そして正確な情報を抽出する必要がある。21 世紀に入り，化学分析，遺伝情報，統計解析など，生態学が利用できる質の高いツールが加速度的に増加した。このようなツールの進展にともなって，野外調査方法も発展し，今まで入手できなかった情報や，精度の高いデータが取得できるようになりつつある。しかし，特別な知識や技術をもちあわせたごく限られた研究者が見る世界はほんの断片的なものであり，その向こうにはまだまだ未知な領域が広がっている。さまざまな生物と共有している私たちが住む世界，その知識と理解を一層押し広げていくためには，だれでも適切なフィールド調査が行えることが望ましい。

本シリーズはこのような要請に応えて，野外科学，特に生態学が対象とする個体から生態系に至る多様な現象を深く捉え，正しく理解していくための最新のフィールド調査方法やそのための分析・解析手法を，一般に広く敷衍（ふえん）することを目的に企画された。

最新で質の高いデータを得るための調査手法は，世界の研究フロントで活躍している研究者が行っている。そこで執筆は，実際に最新の手法で野外調査を行い，国際的にも活躍しているエキスパートにお願いした。

地球環境変化や地域における自然の保全など，生態学への期待は年々大きくなっている。今や，フィールド調査は限られた研究者だけが行うのではなく，社会で広く実施されるようになった。このため本書は，これから研究を始める学生や研究者だけでなく，コンサルタント業務や行政でフィールド調査に携わる技術者，中学校・高等学校で生態学を通じた環境教育を実践しようとする教員をも対象に，それぞれの立場で最新の科学的知見に基づいたフィールド調査に取り組めるような内容を目指している。

フィールド調査は生態学の根幹であるが，同時に私たち人類にとっても重要である。40 年前に共立出版株式会社で企画・出版された『生態学研究法講座』にある序文の一節は，むしろ現在の要請としてふさわしい。「いまや人類の生存にも深くかかわる基礎科学となった生態学は，より深い解析の経験的・技術的方法論と，より高い総合の哲学的方法論を織りあわせつつ飛躍的に前進すべき時期に迫られている」

編集委員会

占部城太郎・日浦　勉・辻　和希

まえがき

なぜ海鳥を調査するのか？

気候変化と人間活動が海洋生態系に与える影響の理解は，ますます重要になっている（Halpern *et al.*, 2008）。その理由の１つは，我々が海洋生態系からさまざまな生物資源を得ているからである。海洋生物資源を持続的に利用するためには，気候変化が海洋生態系に与える影響を含めた管理手法を検討する必要がある。もう１つの理由は，漁業や汚染などの人間活動が，海洋生物の多様性を損なっているからである（Tittensor *et al.*, 2010）。人間活動がどのように海洋生物の多様性の変化と関係しているかを知る必要がある。

こうした気候変化と人間活動の影響を知るためには，海洋生態系の変化を広い範囲で，しかも長期間モニタリングしなければならず，さまざまなアプローチがとられている（表）。調査船を使う方法では，調査海域まで船で出掛け，水温や塩分濃度などを測定し，海水，動・植物プランクトン，魚類を採取して分析する。長期研究としては，連続プランクトンレコーダーを使った北海における動物プランクトンの変化に関する研究（Richardson *et al.*, 2006）や，日本の水産庁・水産研究所などが実施している定線調査から得られたデータを使った研究（Chiba *et al.*, 2006）がある。しかし，船による調査は点ないし線であり，広い範囲，特に外洋域を繰り返し調べるためには莫大な予算と労力がかかる。漁獲データもよく使われる。毎月の漁獲量や魚体のサイズ，年齢構成を分析することで，漁業資源として重要な魚種の資源動態を探ることができる。また，漁獲物の種類構成の長期変化傾向から，多くの海域で平均栄養段階が低くなっているらしいこと（Pauly *et al.*, 1998），漁獲場所の記録から，マグロやサメなど大型海洋生物の種多様度が中緯度海域で高いこと（Worm *et al.*, 2003）がわかってきた。しかし，漁獲データの時間・空間分解能は粗く，魚価や漁法の違いなどに起因する大きなバイアスがかかっていることも指摘されている（Branch *et al.*, 2010）。衛星による観測情報は，全地球規模で海面高度や海洋表

表　海洋生態系と海洋汚染のモニタリングのためのさまざまな観測手法

それぞれの観測手法について，扱える時・空間スケール，海洋生態系と海洋汚染について観測できる項目，および調査，データ入手や解析の容易さについてまとめた（綿貫，2010 を改変）。

手法	時・空間スケール	海洋生態系に関する情報	海洋汚染に関する情報	調査・データ入手・解析の容易さなど
衛星	面的。ミクロ（< 1 km）からマクロ（> 10^4 km）スケール。地球規模でのデータがある。	海水面の水温，海面高度，波，海氷など物理情報，クロロフィル濃度。ある程度の深度までは推定可能。	観測できない	データは公開されており，ネット上で取得できる。ある程度の訓練により GIS 解析などが可能。
調査船	点あるいは線的。3 次元的だがメソスケール（10^1～10^4 km）。	海底までの 3 次元的な物理・化学情報，植物プランクトン，動物プランクトン，さまざまな魚類に関する情報。底生生物，海鳥，クジラの分布。	海洋プラスチック，汚染物質（濃縮なし）	実施には莫大な予算を必要とする。データは集積されており，利用可能なものも多い。
漁獲統計	面的。メソスケール（地域系群）。	漁獲対象種に限定。選択性が大きく，地域や年代により対象種が変化する場合がある。	漁獲物の汚染物質	公的機関により収集されている。長期データが一部公開されている。
海鳥類	面的。ミクロからマクロまで可能。スケールの特定が可能になりつつある。	動物プランクトン，マイクロネクトン，イカ，魚。種ごとに選択性あり。	海洋プラスチック，汚染物質（濃縮あり）	繁殖地での調査は容易で安価。船からの目視センサスも容易。情報は一部公開されつつある。
海生哺乳類	面的。ミクロからマクロまで可能であるが，今のところスケールの特定は困難。	動物プランクトン，マイクロネクトン，イカ，魚。種ごとに選択性あり。	汚染物質（濃縮あり）	海鳥に比べると調査が困難である。情報は一部公開されつつある。

面の水温，植物プランクトン濃度などについて教えてくれる。たとえば，極域の海氷減少とそれにともなう植物プランクトンの量やサイズの変化に関する研究（Pabi *et al*., 2008）などのモニタリング研究がある。しかし，衛星からは海中の動物プランクトン，魚類，高次捕食者の情報を得ることはできない。

クジラやアザラシ，海鳥など大型動物は，さまざまな海洋生物を食べる海洋生態系の高次捕食者を含んでいる。恒温動物であるため，個体あたりのエネルギー消費量は大きく，広い範囲を高速で移動して餌の豊富な場所を探し出す。これらの点で，海洋生態系変化の指標としてほかにはない利点をもつ。中でも海鳥は，船からの観察が容易で，また同じ場所で毎年集団繁殖することから，クジラやアザラシに比べ手軽に調査できる。そのため海鳥は，魚種交替など魚資源の変化を含む海洋生態系の変化（Piatt *et al*., 2007; Croxall, 2006），**生態学的あるいは生物学的重要海域**（Hyrenbach *et al*., 2000; Santora *et al*., 2011; Ronconi *et al*., 2012），海洋汚染（Elliott and Elliott, 2013）などの指標として利用できると考えられている（Fossi *et al*., 2012）。調査が他の手法に比べ安価であることも考えると，コストパフォーマンスの高い海洋生態系指標として海鳥が有用であるのは間違いない（風間ほか，2010）。

国際自然保護連合（IUCN）のレッドリストでは，海鳥種の28%が**世界的絶滅危惧種**（globally endangered species）であり，ほかさらに10%が**準絶滅危惧種**（nearly endangered species）である（http://www.iucnredlist.org/news/）。特にアホウドリ科では，22種中17種で絶滅が危惧される。日本の環境省のレッドリストでも，アホウドリ，オガサワラヒメミズナギドリ，カンムリウミスズメ，ケイマフリなどが絶滅危惧種とされている。これらの種の個体数減少には，多くの場合人間が関与している（Croxall *et al*., 2012; Lewison *et al*., 2012）。海鳥は，古くから，その卵や肉は人間の食料として，羽根は衣類などの素材として利用されてきた。こうした人間による直接的な利用によってすでに絶滅した種（オオウミガラス）や，一時的に絶滅の危機に瀕した種（アホウドリなど）がいる。漁業の近代化以降は，漁業による**混獲**が問題となっている。たとえば，かつては，北太平洋北部とベーリング海で，大規模なサケ・マス流し刺網漁が行われており，その網に絡まって毎年10万羽単位の海鳥が混獲された（Ogi, 2008）。こうした公海での遠洋流し刺網は，1992年に禁止となった。しかし，マグロなどの延縄漁によって，アホウドリ科，ミズナギドリ科などの海鳥が今でも多数混獲されている（Anderson *et al.*, 2011）。また営巣地では，生息環境破壊や，ネコやネズミといった人間が持ち込んだ捕食者による撹乱など多くの問題が報告されている（Bailey and Kaiser, 1993）。汚染物質も問題となっている。農薬として使われたDDTが魚などに蓄積され，それを食べた海鳥の体内に入ると，カルシウムを使って卵の殻を作るしくみがうまくはたらかず，殻が薄くなって卵が割れやすくなる。このためにペリカン科やカツオドリ科の個体数が減った地域もある（Burger and Gochfeld, 2002）。絶滅の危険性を判断し，個体数変化の要因を明らかにし，さらに保全活動を評価するため，海鳥の数や繁殖成績についてモニタリングする必要がある。

本書の内容

本書の目的は，海洋生態系の変化の指標として海鳥をモニタリングするために必要な野外調査手法について紹介することである。モニタリングにおいて重要なのは，「カギとなる項目」を「比較可能な方法で」，しかも「労少なく」測定することである。どんなに立派なモニタリング手法でも，多大な予算と労力がかかっては長期の実施は難しいし，さまざまな海域での実施も困難である。

本書は，海鳥について海洋生態系の変化に敏感だろうと経験的に考えられており，実際に世界各国の研究者が測っている項目の調査手法について解説する。特に，異なる研究条件のもとで実施する際にも，最低限，ほかの地域との比較が可能になるような手法，また，少ない労力でわずかな訓練を行えば，誰でも実施できる項目を中心に紹介する。まず1章で，鳥類調査の基本である，捕獲・計測・マーキング法について述べる。続いて，世界各地で実施されている海鳥のモニタリング項目である繁殖数の調査法（2章）について述べ，さらに，繁殖地で実施する繁殖生態モニタリング法（3章），中でも，繁殖成績を決める重要な要因である採食トリップ時間と給餌速度の調査法（4章），そして，食性調査法（5章）について紹介する。以前は海上における海鳥の行動は調査が難しかったが，動物に記録計（データロガー）を装着する**バイオロギング**技術はこれを可能とした。バイオロギング技術が使われ始めて30年経ち，現在では安価で使いやすい装置も多く開発され，装着・回収方法も確立してきた。

そこで，この技術を使った海鳥の移動追跡法（6章）と採食行動調査法（7章）についても紹介する。最後に，これらとは異なり，海上での海鳥の分布密度を船からの目視で調べる方法（8章）について説明する。各章の最後にはそれぞれの章で紹介した手法の理解を助けるために，関連した手法を使った研究例をBoxとして掲載する。なお，5章までと8章を綿貫が，6~7章を高橋が主に担当し，その後2人で相互に内容を確認しながら本書をまとめた。

海鳥の調査は英国，米国などを中心に長年実施されてきた。筆者らはこれらの調査で使われた手法を参考に，調査・研究マニュアルを整備してきた。外部計測，食性解析，解剖や船からの目視観測は，多くの種で共通して使えるだろう。一方，繁殖数のセンサスや繁殖成績の調査手法は種によって異なる場合も多い。後者について本書では，代表的な種を取り上げて，具体的に実施する際の手助けとなるよう細部にわたり記した。こうしたマニュアルが頻繁に修正を受けるのは困るが，明らかな誤りや格段の改善点があれば修正すべきである。その場合，過去のデータや他の地域でのデータが，ある精度限界のもとで活用できるように，数年間は以前の方法と平行して新しい手法によってデータを集めるなど工夫する必要があろう。

謝　辞

本書を書くにあたり次の方々にお世話になった。占部城太郎，伊藤元裕各氏には全体を読んでいただき丁寧なコメントを頂戴した。伊藤元裕，長 雄一，塩見こずえ，高木昌興，富田直樹，西沢文吾，長谷部真，依田 憲各氏から写真や図を提供していただいた。

目　次

本書を読む前に

野外調査に必要な許可と注意すべき点

本書でこれから紹介する海鳥の野外調査において必要な許可や動物倫理の観点，データの管理等，注意すべき点について，ここでまとめておく。海鳥繁殖地への立ち入り，海鳥の親・雛・卵の捕獲，足環やデータロガーなどの装着，海鳥からの体組織の採取などは，個体や個体群へ何らかのストレスを与えることを，行為者自身が強く認識すべきである。ストレスを与えていないグループとの比較をできる限り行い，その影響を把握し，さらに軽減する努力を続けなければならない。調査活動の影響や改善方法については，必要に応じ各章でも述べることにする。

海鳥に与えるストレスの程度とこれらの行為により見込まれる調査成果の両面から，こうした行為の適切性が判断される。その判断は，国や地方自治体が法律や条例で定めたさまざまな許認可と，研究組織が設置した動物倫理委員会による審査に基づき行われる。我が国においては，すべての海鳥は鳥獣保護法によって保護されているので，その捕獲には環境省の許可が必要となる。捕獲申請は，調査地を管轄する環境省の地方事務所が窓口となる。また，海鳥繁殖地は天然記念物に指定されていることが多く，その場合，文化庁から天然記念物現状変更の許可を得る。市町村の教育委員会が，天然記念物現状変更許可申請の窓口である。海鳥繁殖地が地方指定の特別保護区などになっていることもある。その場合，地方自治体の許可が必要であり，都道府県の関連部局に，特別保護区内の新築許可や野生動植物の採取などの許可を申請する。さらに繁殖地に立ち入るには，その土地の所有者あるいは管理者（無人島では町などの地方自治体や漁業協同組合が管理している）の許可を得なければならない。海鳥を捕獲し，データロガーを装着する，組織を採取するといった実験を行う場合，各研究機関が設置している動物倫理委員会の許可が必要なことがある。

野外調査において重要な作業として，野帳やデータの保管がある。実験系の教育・研究機関では，実験ノートの記載方法が定められ，実験ノートは毎日チェックされ，そのノートは厳重に保管される。海鳥の野外調査でも，調査チームごとに一定のルールを設け，野帳は相互に，あるいは主担当者が時々チェックして一定の場所に保管し，必要な場合は元データを確認できるようにすべきである。野帳の情報は，可能な限り，その日のうちにデジタルデータとして入力する。データのバックアップとして役に立つし（野外に持ち出す野帳は万一紛失しないとも限らない），また記憶が鮮明なうちに打ち込むことで，書き込みミスの修正や打ち込みミスの軽減ができる利点がある。

海鳥の分類群

海鳥には多様な生活史，営巣ハビタット，採食生態をもつグループが含まれるので，調査方法もグループごとに異なる。そのため，ここで各目について簡単に紹介しておく（詳しくは，綿貫，2010）。海鳥はペンギン目，ミズナギドリ目，ペリカン目，カツオドリ目，ネッタイチョウ目，チドリ目の6つの目からなる。従来，ペリカン目，カツオドリ目，ネッタイチョウ目は同じペリカン目に含まれていたが，最近別目とされた。

ペンギン目はペンギン科だけからなり，体重1.2 kgのコガタペンギンから30 kgになるコウテイペンギンまで18種が含まれる（Williams, 1995; Borboroglu and Boersma, 2013）。南極，亜南極，亜熱帯を中心に分布する。地表に石を集めた簡単な巣を作るか，あるいは地面に巣穴を掘って営巣する。メスは1回の産卵で1〜2卵を産み，オス・メス交代で30〜70日間卵を温める。つがいは40〜350日間の育雛期中，胃に餌を入れて持ち帰り雛に与える。若鳥は2〜6歳になると繁殖を開始し，成鳥の年間生存率は80〜95%である。ペンギン目の種は，沿岸から外洋性で，羽ばたき潜水してオキアミ類，浮魚類，イカ類，ハダカイワシ類などを食べる。

ミズナギドリ目は4つの科からなる（Brooke, 2004a）。このうちアホウドリ科は，体重10 kgになるワタリアホウドリをはじめとし，22種が含まれる。ほかに，体重0.4〜4 kgのミズナギドリ科（79種），0.1〜0.2 kgのモグリウミツバメ科（4種），0.1 kg以下のウミツバメ科（21種）が含まれる。アホウドリ科やミズナギドリ科のオオフルマカモメなど大型種は地表に，ミズナギドリ科，モ

図1　ミズナギドリ科のオオミズナギドリ
日本と韓国で繁殖する。日本で繁殖する最も数が多い海鳥の1つである。無人島の地面に巣穴を掘って集団繁殖する。表面ついばみ採食で，イワシ類などの浮魚を食べる。三貫島にて。

グリウミツバメ科，ウミツバメ科の中・小型種は地面に巣穴を掘るか（図1），あるいは石の下などに営巣する。フルマカモメのように岩棚営巣する種もある。メスは1回の産卵で1卵を産み，オス・メス交代で40～80日間卵を温める。つがいは40～280日間の育雛期中，胃に餌を入れて持ち帰り雛に与える。若鳥は4～13歳で繁殖開始し，最長寿命は10～60年である。ミズナギドリ目の種は主に外洋性で，表面ついばみや浅い羽ばたき潜水をして表層のカイアシ類などの動物プランクトン，オキアミ類，浮魚類，イカ類，ハダカイワシ類などを食べる。

ペリカン目は3つの科からなり（Nelson, 2005），体重が数キログラムになるペリカン科（7種）が，サギ科，トキ科とともに含まれる。ただし，サギ科，トキ科は海鳥ではない。いずれの種も主に樹上に粗く編んだ巣を作る。

ネッタイチョウ目は，2種を含むネッタイチョウ科だけからなる。地上に小石など使って簡単な巣を作る（図2）。

カツオドリ目は3つの科からなる。1～2 kgのウ科（40種），カツオドリ科（10種），グンカンドリ科（5種）である（Nelson, 2005）。ウ科には樹上営巣，地上営巣，岩棚営巣（図3）まで幅広い営巣習性をもつ種が含まれる。メスは1回の産卵で3～6卵を産み，オス・メス交代で22～34日の間卵を温める。つが

図2　ネッタイチョウ科のアカオネッタイチョウ
日本では南硫黄島だけに繁殖する。ミッドウェー島にて。

図3　ウ科のウミウ
日本，韓国，ロシアの沿岸部に繁殖する。日本では主に北海道の離島の崖に営巣する。足こぎ潜水して，カレイ，カジカ，ホッケなど底魚や中層性魚類を食べる。天売島にて（撮影：伊藤元裕）。

いは30～80日間の育雛期中，胃に餌を入れて持ち帰り雛に与える。若鳥は1～4歳で繁殖開始し，最長寿命は13～18年である。ウ科の種は浅い沿岸域で足こぎ潜水して海底近くの魚類を捕食する。カツオドリ科は地上営巣，樹上営巣種を含む。メスは1回の産卵で1～2卵を地上に産み，オス・メス交代で41～57日間卵を温める。つがいは78～120日間の育雛期中，胃に餌を入れて運び雛に与える。2〜7 歳で繁殖を開始し，最長寿命は 20〜30 年以上である。カツオドリ科の種は外洋性で，空中突入して表層の浮魚類を食べる。

チドリ目の主な構成員はシギ・チドリ類だが，海鳥としては 4 つの科が含まれる。カモメ科，ハサミアジサシ科，トウゾクカモメ科とウミスズメ科である。カモメ科は体重 0.3〜1.5 kg で，カモメ類とアジサシ類合わせて 95 種ほどである。いずれも地上営巣するが，ミツユビカモメは岩棚営巣し，アジサシ類には樹上営巣する種類もいる。カモメ科のメスは 1 回の産卵で 1〜3 卵を産み，オス・メス交代で 18〜36 日間卵を温める。つがいは 32〜70 日間の育雛期中，カモメ類では親は胃に入れて，アジサシ類では嘴にくわえて，餌を運び雛に与える。いずれも，表面ついばみ・空中ついばみして表層の浮魚類を食べるが，海岸でさまざまな生物を拾い食いもする。トウゾクカモメ科もカモメ科と似た習性をもつ。ウミスズメ科（23 種；Gaston and Jones, 1998）は体重 0.2〜1.3 kg で，岩棚あるいは岩の割れ目・隙間に営巣するが，地上に巣穴を掘って営巣する種もいる。ウミスズメ科のメスは 1 回の産卵で 1〜2 卵を産み，オス・メス交代で 29〜45 日間卵を温める。つがいは 22〜60 日間の育雛期中，小型のプランクトン食性種（図 4）は胃に餌を入れて持ち帰るが，中・大型の魚食性種は嘴にくわえて餌を運び雛に与える。主に外洋性で，羽ばたき潜水し，カイアシ類などの動物プランクトン，オキアミ類，浮魚類などを食べる。

図 4　ウミスズメ科のウミオウム
岩の隙間に営巣する。アリューシャン列島などに繁殖する。浅い羽ばたき潜水をして主に動物プランクトンを食べる。セントジョージ島（アラスカ）にて（撮影：伊藤元裕）。

第1章 捕獲と計測

1.1 はじめに

海鳥の野外調査において，親鳥の捕獲は必須の作業であり，その成否が調査のカギである。個体識別用のマーク（足環）をつける，餌を採取する，DNA や化学物質分析用のサンプルとして血液や羽根を採取する，データロガーを装着する，など，いずれにおいても捕獲が必要である。捕獲には，捕獲個体への負担を最小限にする手法を使う。さらに，捕獲個体の卵や雛への影響や，周辺に繁殖する個体への影響も最小限にとどめる工夫が必要である。なお，「本書を読む前に」で述べたように，海鳥は鳥獣保護法によって保護されているので，その捕獲には環境省の許可を得なければならない。

捕獲の直後に，必要に応じて外部計測を行う。その際，麻酔することなく計測するので，**捕定**の仕方も重要である。正しい捕定をすることで，正確で素早い計測が行え，結果的に個体への負担が減る。海鳥では飾り羽根などに性差がないことが多く，外部計測値は性判定の一助となる。また，進化・生態学的研究では，外部計測値は重要な形質値であり，その地理変異，個体変異，年間変異に興味がもたれる。モニタリング項目としては，個体のサイズで補正した体重の変化は，栄養状態の指標となる。ただし，鳥類では繁殖開始年齢に達した後の体サイズはあまり変わらないので，目的によっては外部計測が重要ではない場合もあるだろう。捕獲自体が個体にストレスをかけるので，安易に外部計測を繰り返してはいけない。

個体識別のためのマーキングも基本的な技術である。本章では，足環などによる個体識別方法についても簡単に紹介する。海鳥では今のところ，有効な年齢形質はない。羽根の色によって，巣立ち幼鳥，亜成鳥と成鳥を分けることはできるが，成鳥の寿命は長い。そのため，他の鳥類と同様に巣立ち雛に足環をつけて個体識別・年齢査定することが一般に行われている。

1.2 捕　獲

地上営巣するアホウドリ科，ペンギン科や巣穴営巣性のミズナギドリ科・ウミスズメ科は，巣にいるところを**手取り**する。カモメ科も地上営巣するが，やや警戒心が強いので，抱卵中の親を罠で捕獲する。**くくり罠**を巣にかけて，親が戻った時に数 m 離れたところから紐を引っ張って捕獲するのが最も簡単である。金網などで作った入ったら出られなくなる**ウォークイントラップ**や，抱卵のために巣に座ると入り口が閉まる仕掛けをつけた**箱罠**を，巣に仕掛けて捕らえることもできる。ウォークイントラップと箱罠の場合，罠に入った後そのまま抱卵し続けるので，3 台程度の罠を同時にかけて，数羽同時の捕定や計測などをすることも可能である。くくり罠や箱罠を使う場合，卵の毀損を避けるために偽卵を使い，その間，卵は簡易孵化器などで適切な保温をしておく。巣穴営巣性種の場合も，巣穴の入り口にウォークイントラップを仕掛けて，親を捕獲する。繁殖地に夜間着地するウトウは**たも網**で捕獲する。小型のウミスズメ科やウミツバメ科は**カスミ網**で捕獲する（図 1.1）。

崖の岩棚に営巣するウ科やウミガラス類，ミツユビカモメ類は，抱卵などのため巣にいる親を，ポールの先にくくり罠をつけたもので，首をくくって捕獲

図 1.1　昼行性のニシツノメドリのカスミ網による捕獲
雛に与える餌をくわえて巣に戻るところを捕獲する。旋回性能に劣るので，網寸前では網を避けることができない。夜行性のウミツバメ類も，夜間にカスミ網で捕獲する。メイ島（スコットランド）にて。

図 1.2 岩棚営巣するウミガラス類，ミツユビカモメ類の捕獲方法
アユ釣り竿の穂先をとって，2 段目の先に太いテグスのくくり罠をつける。崖の上あるいは下から狙う。上から狙う場合，頭を入れて首に引っ掛けた後はできるだけ飛ばさないように引きずり上げる。セントジョージ島（アラスカ）にて。

する。崖の上からポールを出して捕獲する場合，捕獲個体を飛ばさないようにして，崖面を歩かせながら引き上げると，周辺個体に対する撹乱が少なく，また，体重がくくり罠にかからないので，個体への負担も少ない。体重 1 kg のウミガラスの場合は，5 m 程度のアユ釣り用のカーボンロッドの穂先をとって，2 段目の先端に太めの釣りテグスで作ったくくり罠をつけたものを使う（図 1.2)。岩棚営巣するミツユビカモメも同様の手法で捕獲する。ミツユビカモメでは，再捕獲がかなり困難な場合もあり，その場合巣の上にテグスで作ったくくり罠を多数置いて，飛び立つ時に偶然引っ掛かったら捕まえるという方法がとられることもある。ウミウは重いので 7 m の伸縮式捕虫網竿を使い，くくり部分はテグスの代わりに程よい太さのピアノ線を使う。鳥を傷つけず，かつ，くくりを操作しやすい太さのピアノ線を慎重に選ぶ必要がある。スコットランドのメイ島のヨーロッパヒメウは，接近しても巣から逃げないので，3 m 程度の竹竿の先に太い針金のフックをつけ，これで首を引っ掛けて捕獲する（図 1.3)。

図 1.3　ヨーロッパヒメウの捕獲
ヨーロッパヒメウは警戒心が薄い。3m 程度の竹竿の先に太い針金でフックをつけ，そのフックで首（顎）を引っ掛けてつり上げる。体重があるので，その自重でぶら下げるとフックから外れないし，フックが下顎の骨に当たるので首を絞めることもない。メイ島（スコットランド）にて。

1.3　捕　定

ウミツバメや小型ウミスズメ類の捕定方法は小型の陸鳥と同じく，人差し指と中指で首を挟み，親指と薬指・小指で翼を押さえる（図 1.4）。中型ウミスズメ類でも同様に片手で胴体と一緒に翼をつかみ，必要ならもう一方の手で頭から嘴をつかむ。大型のアホウドリ科やカモメ科では，嘴を片手でつかみ，もう片方の手で胴体・翼を脇に抱える（図 1.5，口絵 1）。この際，鼻穴を押さえず呼吸ができるように注意する。

1.4　外部計測

外部計測には，ノギス，物差しを使う（図 1.6）。明確に定義できる 2 点，たとえば骨の先端ともう一方の端の間の距離を適切な道具で測定する。計測道具の当て方はいつも一定にする。次の 6 カ所の計測を行う。

図 1.4　コシジロウミツバメの捕定
人差し指と中指で首を挟む。必要以上に強く握ってはいけない。捕定者の緊張は鳥にも伝わる。リラックスして押さえる。厚岸町大黒島にて。

図 1.5　コアホウドリの捕定
大型種の場合，片手で嘴を押さえ，もう一方の手で翼を抱える。鼻孔をふさがぬよう嘴は軽くつかむ。体を強くつかむと余計に暴れる場合がある。右の女性（Dr. Lindsay Young）は足環を装着しようとしており，プラスチックリングを開くためのペンチを小脇に挟んでいる。オアフ島にて。 →口絵 1

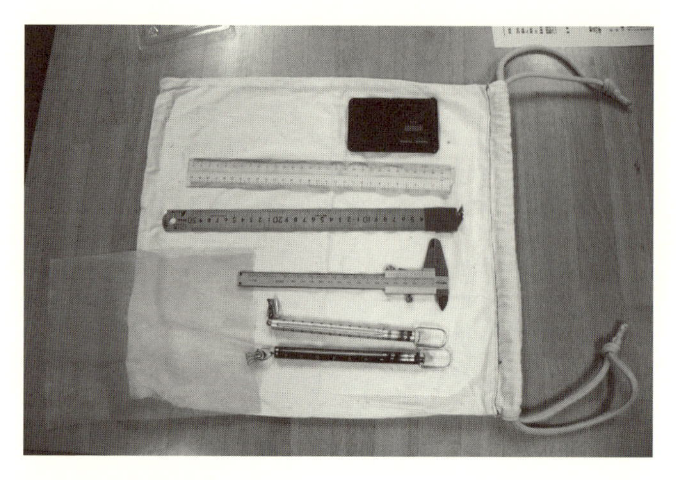

図 1.6　外部計測のための測定器具
下から 100 g と 1,000 g のばねばかり（Pesola 社），ノギス，翼長測定用のストッパーをつけた物差し，尾長測定のため 0 点に切り欠きをつけた物差し，持ち運びできる電子天秤（タニタ社）。100 g ばねばかりには，雛測定用のプラスチックネットがついている。下に敷いているのは，鳥を入れるための布袋。口を素早く締められるよう，両側に締めるための紐を出している。

・**嘴峰高（bill depth）**：中指と薬指で首を挟んで捕定し，鼻孔の先端部を通り上下嘴の合わせ目に垂直な嘴の高さをノギスで測る（図 1.7，1.8）。

・**嘴峰長（bill length）**：上嘴先端から上嘴の付け根の羽毛の生え際までの距離をノギスで測る。嘴の合わせ目に対し斜めになってもよい（図 1.7）。

・**頭長（head length）**：上嘴先端から後頭部の突出部（指で触って確認）までの長さで，嘴の合わせ目に平行な距離をノギスで測る（図 1.7）。

・**ふしょ長（tarsus length）**：ふしょ骨の長さで，2 カ所の足関節（かかとと指の付け根）をそれぞれ直角に保持し，骨の先端同士の距離（図 1.8，口絵 2）を，ノギスを上から当てて測る。慣れると測定誤差（測定者による誤差も含め）が最も少ない部位である。

・**自然翼長（natural wing chord）**：**翼角**（手首の関節）から最も長い風切羽根の先端までを自然に伸ばした時の長さである。物差しを 0 cm の位置で切ってそこにストッパーをつけ，ここに翼角を当て，物差しに風切羽根を軽く当てて撫でて，先端までの長さを測る（図 1.9）。物差しに当てた風切羽根を上から強

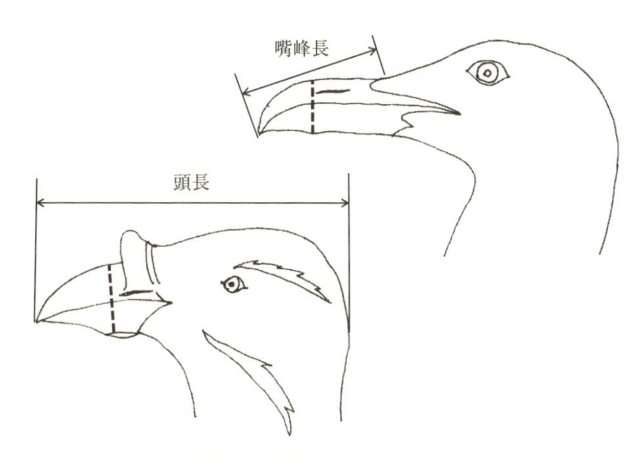

図 1.7 カモメ類とウトウの頭部の外部計測
嘴峰高（破線で示す）は鼻孔の先端位置の嘴の高さで，上・下嘴の合わせ目の線と直角の方向で測る。嘴峰長は嘴先端から付け根の羽毛の始まる位置までの長さで，筆者らは両端にノギスを当て，斜めになってもいいのでその間の距離を測ることにしている。頭長は嘴先端から後頭部の頭骨が最も出っ張ったところまでの距離を，上・下嘴の合わせ目の線に平行に測る。

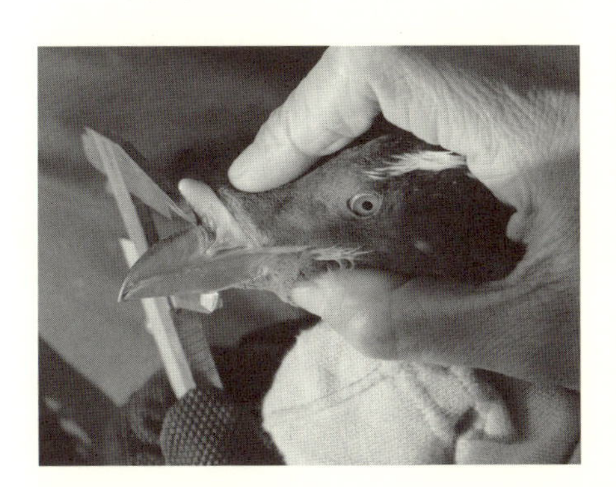

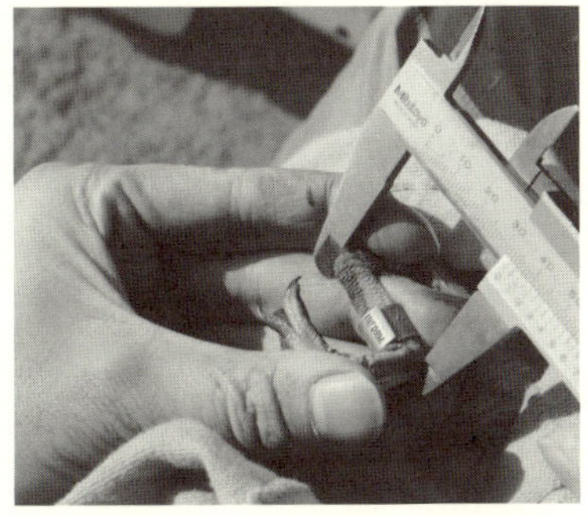

図 1.8 ウトウにおける嘴峰高（左）およびふしょ長を測定する際（右）の捕定とノギスの当て方
ノギスの先端を計測部位の両端に当てる。一定の方法で頭やふしょを押さえ，さらにノギスの当て方も一定にすると，別の測定者が測っても近い値を出すことができる。ふしょ長を測定する場合は関節を直角に曲げて捕定する。ふしょ骨の両端を確認し，しっかりとノギスの先を当てる。3 回測定し，その差がおよその測位値の 0.5% に収まったらその中央値を測定値とする。天売島にて。 →口絵 2

く押さえて最大に伸ばして測った値を**最大翼長**（maximum wing chord）という。押さえる際に慎重にやらないと風切羽根を傷める恐れがあるので，生体では自然翼長を測るのが普通である。

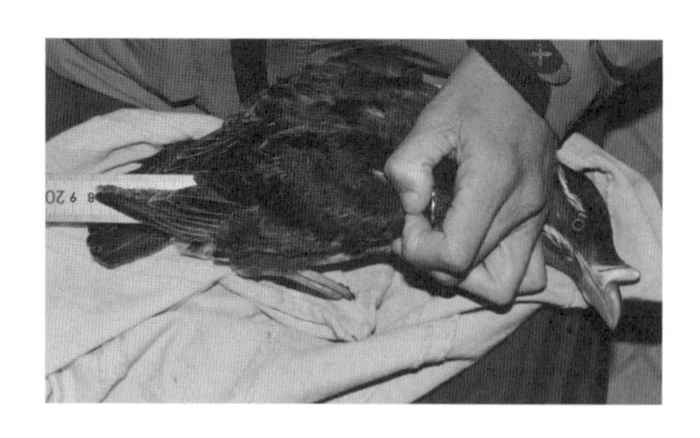

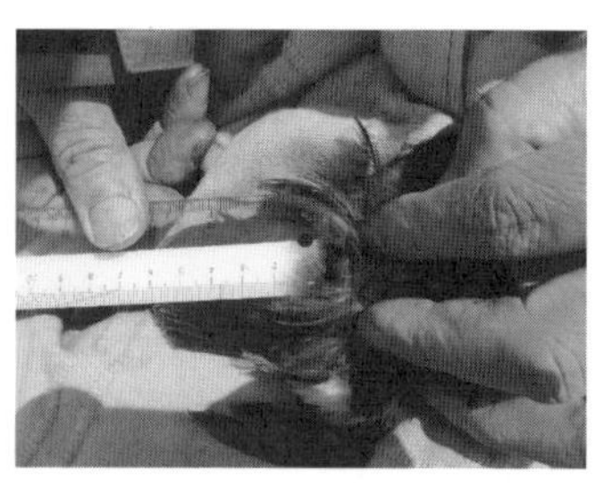

図1.9　ウトウの自然翼長（左）および尾長（右）の測定写真
翼長は翼角をきっちりストッパーに当て（指で押さえているためこの写真では見えない），風切羽を軽く撫でて伸ばした先端までの長さを測る。尾長は，背面の尾羽の付け根にある尾脂腺を探り当て，その下に定規の0点切り欠きを当てて最長の尾羽の先端までの長さを測る。天売島にて。

・**尾長（tail length）**：0 cm の位置に切り欠きをつけた物差しを使い，その切り欠きを**尾脂腺**の下に当て，そこから一番長い尾羽根の先端までの長さを測る（図 1.9）。

外部計測をする際，ノギスを使う場合は 0.1 mm，物差しを使う場合は 1 mm 単位で記録する。同じ部位を最低 3 回計測し，その測定値が 0.5% の範囲（許容誤差範囲）に収まったらその中央値を採用する。収まらない場合は収まるまで測定を繰り返す。体重 1 kg 程度の海鳥であれば，許容誤差範囲は，嘴峰高で 0.1 mm，嘴峰長で 0.3 mm，頭長で 1 mm，ふしょ長で 0.3 mm，翼長で 1 mm，尾長で 1 mm 程度が目安である。

体重は，鳥を鳥のサイズに合わせた布袋に入れ，ばねばかりで量る（図 1.6）。ばねばかり（スイス Pesola 社）は，鳥の体重に合わせた最大幣量のものを使う。既知の重量の分銅で時々校正する。雛を量る場合は，収縮性のあるプラスチックネット（図 1.6）も便利である。ばねばかりは垂直にし，目の高さで目盛りの 10 分の 1 まで読む（図 1.10 左）。あらかじめ布袋の重量（風袋重量）を量っておき，風袋重量を後で引く。連続して量る場合は，糞や水分で重くなるので数個体量ったら必ず風袋重量を量り直す。特に雛を量る場合は，よく餌を吐き戻したり糞をしたりするので，袋がすぐに重くなる。小型であるウミツバメ科では，葉書程度の固さの紙で作った専用のコーン状の捕定具に頭から入れ

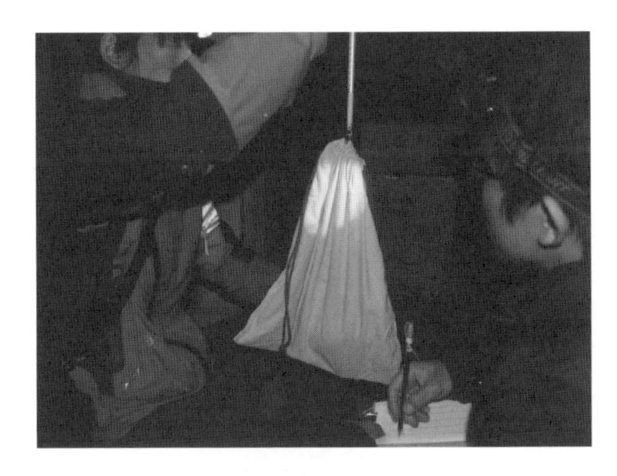

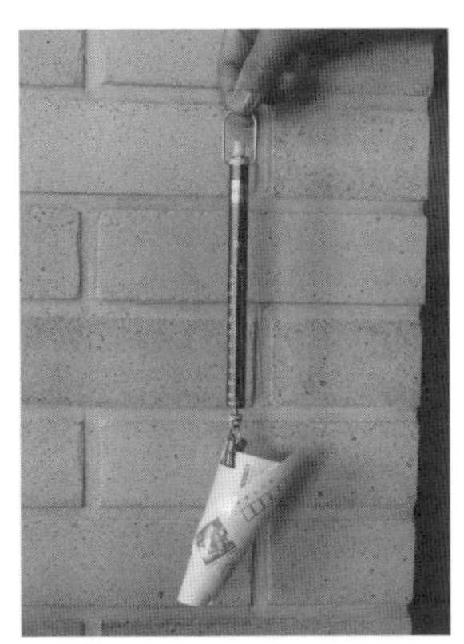

図 1.10　ウトウの成鳥の体重測定

連続して多数の個体の体重を量る場合，特に雛を量る際には，糞などで鳥袋は次第に重くなる。時々 0 点補正あるいは鳥袋の重さの測定を行う。ウミツバメ類などでは，葉書などの厚紙で作ったコーン状の補定具に入れて量るのが便利である（右）。この写真の場合，鳥を頭を下にして上から入れる。左の図は天売島にて。

て，翼を開けないようにし，これをクリップで天秤ばかりやばねばかりにつり下げるようにすると便利である（図 1.10 右）。

バイオメカニクス研究のために**翼形**や**翼面積**を求めたい場合がある。ベニヤ板などの台に白紙を貼り，その上に片翼を載せて最大限広げ，軽く手で押さえて写真を撮る（図 1.11）。その際，個体番号を書いておくとともに，メジャー代わりに 5 cm 四方の正方形の黒いプレートを載せておく。もし台が水平からずれていたとしても（野外では往々にしてある），この正方形のプレートのゆがみ具合から補正できる。翼面積等の計測は図形ソフト（Adobe Photoshop など）を使って行う。

中・大型の海鳥種では一般にオスが大きく，サイズで性判定できる（ウトウ，Niizuma *et al.*, 1999；ウミネコ，Chochi *et al.*, 2002；オオセグロカモメ，新妻・井関，2005；90% 以上の判別率）。オオミズナギドリでは，威嚇の際に出す声や捕獲された時の声に性差があり，性判定に利用できる（有馬・須川，2004；Arima *et al.*, 2014）。こうした手法による性判定は，現場で直ちに性判定し調査しなければならない場合は便利である。しかし，コシジロウミツバメなどのように，メスがオスより大きい傾向はあるが，その差は性判定が有効なほどは大

図1.11　翼形の写真撮影による測定
翼の形や面積は写真を撮っておいて後で測定する。校正用の5 cm四方のスケールを置き，個体番号を書いておく。写真はヨーロッパヒメウでの撮影例。ここでは腹を上に向けているが，胴体部が下がるような台をつけておいてうつ伏せで測ると翼の彎曲部を伸ばしやすいので楽である。メイ島（スコットランド）にて。

きくない種もいる（Niizuma *et al.*, 1998）。

1.5　体サイズと栄養状態の指標

栄養状態は重要な測定項目である。海鳥では，体サイズで補正した体重が栄養状態の指標として使われる。1.4節で述べた複数の外部測定値を主成分分析し，適切な主成分の得点を**体サイズ指標**とする。体サイズ指標またはその3乗に体重を直線回帰し，その残差体重を**栄養状態指標**とする。この栄養状態指標は実際の脂肪量と比較的よい相関がある（ウトウ，新妻ほか，2001；コシジロウミツバメ，Niizuma *et al.*, 2000）。また，筋肉量も栄養状態を示す指標として使われることがある。カモメ類では，胸筋の量の指標として，脇位置での胸筋の最大断面の形を針金でかたどって，その推定面積から筋肉量を推定する方法が提案されている（Bolton *et al.*, 1991）。

1.6　換羽の記録

羽根は鳥類に特異な組織であり，飛行や断熱，ディスプレイ行動における利用など重要な機能をもつ。本書では，翼全体を**翼**，個々の羽根を**羽根**と呼ぶことにする（図 1.12a, b）。翼の羽根は，手首より先についている初列風切羽根（体幹側を P1 とし，指先に向けて順番に番号がついている）と上腕部についている次列風切羽根（腕の先側を S1 とし，体幹側に向けて順番に番号がついている）が主たる羽根である（図 1.12b）。羽根はある程度使うと擦り切れたり折れたりするので，その機能を保つため，ほぼ 1 年に 1 回生え変わる。これを**換羽**という。ただし，アホウドリ科など大型種では，隔年で生え変わる羽根もある（Bridge, 2006）。多くの種では主たる換羽時期と繁殖時期とはあまり重ならず，また各羽根の換羽時期はそれぞれ異なる。たとえば，ミズナギドリ科では初列風切羽根は P1（最内側）から外に向けて順番に，尾羽根も R1 から外に向けて順番に生え変わり，次列風切羽根は中央近くの羽根から両側に向けて換わる傾向がある（Ramos *et al.*, 2009; Howell, 2010）。換羽様式を調べることは海鳥の生態学的研究のため役に立つ。たとえば，羽根はそれが伸長した時期に摂取した餌の化学情報（安定同位体比など）を蓄積しているので，各々の羽根が

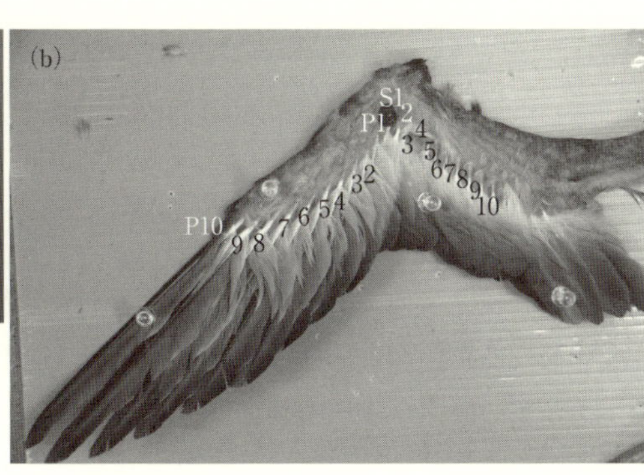

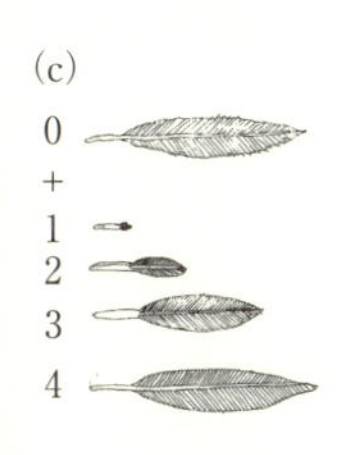

図 1.12　羽根の形態

(a) ハシボソミズナギドリの左翼の初列風切羽根（P7）を下から見た写真。翼を広げて水平飛行している時下から見た図。つまり左が前となる。(b) 腹側から見た右翼全体の写真。初列風切羽根の番号（P1～P10）を示す。次列風切羽根の番号は 1 枚目（S1）から 10 枚目（S10）までを示す。4 枚目は標本用に採取したため欠損。この種では次列風切羽根は 20 枚まである。(c) 換羽ランク（0：古い羽根，＋：欠損～4：伸び切った新羽）。

どの時期に換羽したかの情報は重要である。

成鳥は1年に1回，羽根を換えるので，換羽している個体は少なくとも巣立ち直後の幼鳥ではないことがわかる。ハシボソミズナギドリを例にとると，換羽様式の記録には，図1.12cのように，**初列風切羽根**（primary feather: P1～P10），**次列風切羽根**（secondary feather: S1～S22），**尾羽根**（rectrice: R1～R6）すべてについて，左右両翼とも，その程度を次の6段階に分類して記録する（Ramos *et al.*, 2009）。

0：前年の羽根（色がくすみ擦り切れている）が生えている。
+：羽根は欠損し，鞘も新しい羽根（光沢があり擦り切れがない）もない。
1：鞘のみ，あるいは，鞘から新しい羽根が出ているが，その長さは伸びきった羽根の1/3以下。
2：新しい羽根は伸びきった羽根の1/3～2/3の長さで，鞘が残っている。
3：新しい羽根は伸びきった羽根の2/3～3/3の長さで，鞘が残っている。
4：新しい羽根が伸びきっており，鞘が残っていない。

胴体部の羽根については，個々の羽根の記載に労力がかかるので，全体を見て，次のように4段階に分ける。

0：すべて色がくすみ擦り切れており，新しい羽根がない。
1：腹側，背中側，合わせて1～10枚の新しい羽根がある。
2：腹側で11～50枚，背中側で11～25枚の新しい羽根がある。
3：腹側で50枚以上，背中側で25枚以上の新しい羽根がある。

産卵前に，オスもメスも抱卵に備えて腹部の羽根が抜けて皮膚が露出する**抱卵斑**が観察されるが，進行度合いの段階を記録することで，非繁殖個体と繁殖個体を識別できる。抱卵斑の段階は次の6つに分ける（Harris, 1969）。

0：羽根が全く抜けていない。
1：抱卵斑のサイズの半分以下の羽根が抜けている。
2：抱卵斑のサイズの半分以上の羽根が抜けている。
3：全部羽根が抜けているが皮下の充血が見られない。

図 1.13　抱卵中のコシジロウミツバメの抱卵斑
抱卵斑は裸出し，皮下に血管が見えるので，段階 4 である。厚岸町大黒島にて。

4：全部羽根が抜け皮下の充血が顕著である（図 1.13）。

5：再度羽根が生え始めている。

コシジロウミツバメでは，巣にいる抱卵中と育雛中の個体の抱卵斑の段階を調べたところ，それぞれ 3～4 と 4～5 であった（Watanuki, 2002）。

1.7　組織採取

羽根を含む海鳥の体組織にはさまざまな情報が詰まっており，捕獲の際にこれらを採取することでモニタリングに役立てることができる。ここでは生体から，個体に与える負担や苦痛を最小限にするやり方で，簡便に体組織を採取する方法を紹介する。体組織の採取にあたっては，事前に研究機関等に設置された動物倫理委員会による審査が必要となる場合がある。

最も一般的に使われるのは血液である。DNA を使った親子判定，性判定，系群解析，**窒素・炭素安定同位体比**による食性解析，さまざまなホルモン量の測定，免疫反応による生理的性質の研究のほか，**残留性有機汚染物質**などの測定にも使われる。採血は**翼下静脈**，あるいはふしょの静脈から行う。これらは，皮下に直接視認でき，骨の上を走っているので，上から血管を圧迫しやす

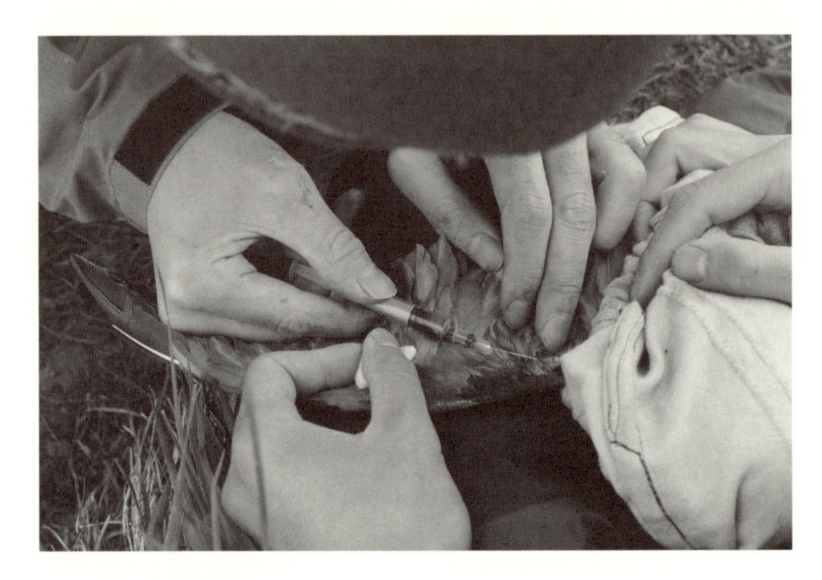

図 1. 14　ウトウの翼下静脈からの採血
針の太さは，ウトウでは 26 G，アホウドリでは 22 G 程度がよい。血管に平行に針を入れるため，シリンジに対して少し針を曲げておくとやりやすい。止血をしっかりする。天売島にて。

いため止血が容易である。はっきり見えていれば，骨と平行に走っているふしょの静脈のほうがやりやすいが，見えない種類もいる。翼下静脈は翼の裏側のひじに当たる羽根が少ない部分にあり，静脈が骨を斜めに横切るように走っている。少し羽根を抜いてアルコールで湿らせると見えやすくなる。安定同位体比の測定用には血漿・血球を使うので，あらかじめヘパリン処理した注射筒を使う。採血はアルコール綿で皮膚を拭いて消毒し，血管の方向に針を入れ行い（図 1. 14），針を抜きながら乾綿で血管を骨に押さえつけ止血する。針の太さは鳥の大きさにより，22 G（アホウドリ科）～25 G（中型ウミスズメ科）を使う。小型のウミツバメ科などではさらに細い 29 G を使う。採血後，血液をエッペンチューブ（遠心分離機にそのままかけることができる 1 mL 程度のプラスチック容器）に移す際，針をつけたまま押し出すと血球を破壊する可能性があるので，注射筒の針を外してから押し出すとよい。DNA 採取が目的であれば，針を刺して出た血液 1 滴で十分である。必要に応じて，遠心機（2,000～3,000 回転で 10 分，6,000～7,000 回転で 5 分）で血漿と血球に分け，冷凍保存する。

羽根の微量の採取が海鳥の行動に影響を与えるとする報告はない。風切羽や尾羽では，先端 1 cm 程度をはさみで切り取って採取する。胸や背の羽根は，3〜5 枚を抜いて混ぜて使うことが多い。ただし，1 枚の羽根でも，部位により水銀濃度が異なることが猛禽類で報告されており（Dauwe *et al.*, 2003），あらかじめ羽の種類や部位による化学マーカーの濃度の変異を確認し，最小限のサンプルで比較可能なデータがとれるようにすべきである。また，近年，羽根中の複数の部位のストレスホルモンを測って，風切羽が伸長する間の栄養状態の指標とする研究も行われている（Will *et al.*, 2014）。

尾脂腺からの分泌物（ワックス）は，PCB などの残留性有機汚染物質の測定に利用できる（Yamashita *et al.*, 2007）。このワックスは，尾脂腺表面から直接採取する。分析する物質に応じたクリーンな手袋をして，小さなろ紙を尾脂腺表面にこすりつけて容易に採取できる。ワックスを採取したろ紙は短期間なら常温で保存でき，そのまま郵送することが可能である。

体脂肪からは，残留性有機汚染物質や餌組成を推定するための脂肪酸組成の情報を得ることができる。分析にはある程度の量が必要とされていたので，これまでは死体から採取したものを使っていた。しかし，最近では分析技術が向上し，0.1 g といった極めて微量の脂肪でも成分分析が可能となり，生きた個体から採取した皮下脂肪でも分析できる。海鳥では，羽根の少ない脇腹から採取するのが一般的である（Owen *et al.*, 2010）。使い捨てのラテックス手袋をはめ，必要に応じて羽根を抜き，アルコール消毒して，メスで表皮のみを長さ 5 mm ほど切り，ピンセットとメスで皮下脂肪を採取する。傷の両端を軽く引っ張って表皮をくっつけ，医療用の瞬間接着剤（ダーマボンド®など）で接着したのち，抗生軟膏を塗布する。

1.8　マーキング

海鳥では足環を装着して個体識別を行う。足環には 2 タイプある（図 1.15）。1 つは**金属リング**で，材質はアルミや軽合金などである。日本では環境省が山階鳥類研究所に委託している鳥類標識事業で使用され，山階鳥類研究所で認定したバンダーが装着する。摩耗した場合はつけ替える。もう 1 つは**プラスチッ**

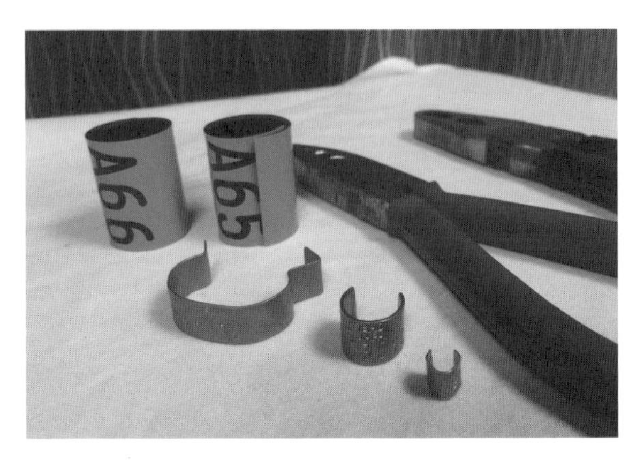

図 1. 15　個体識別用の足環
長期には金属リング，目視で個体識別するためには番号付きプラスチックリングを使う。プラスチックリングは，2 層の色付きプラスチック板を切って，番号を刻印し，加熱してリング状にする。右は金属リング装着用のペンチ（撮影：富田直樹）。

ク製カラーリングである。海鳥は比較的大型なので，色の異なる 2 層からなるプラスチック板を切り出し，番号を電動ドリルなどで刻印し，熱で筒状にしてこれを使う。番号のついたプラスチック足環を売っている会社（カナダの Pro-Touch Engraving 社など）もある。双眼鏡で足環の色と番号を確認し，個体識別する。色は褪せる場合がある。色で繁殖地や国，番号の 1 桁目のアルファベットで繁殖地や捕獲地域，3 桁程度の数字で個体番号とすることが多い。金属リングは耐久性があるが捕獲しないと数字が読み取れないので，番号付きプラスチックリングと両方を装着する。雛に金属リングをつける場合には，足の成長が進んだ巣立ち直前の雛につける。雛は出生の繁殖地に戻る割合が高いので，繁殖地に戻ったら再捕獲し，さらに番号付きプラスチックリングを装置する。ペンギンにおいては，翼の付け根につける**フリッパーバンド**（図 1. 16）が従来使われてきた。足環などの装着にあたっては，学術調査を目的として捕獲許可をとる必要がある。

個体識別のためには，**トランスポンダ**の利用も最近増えている。トランスポンダとは，電磁コイルをガラス包埋したもので径 2 mm，長さ 8〜23 mm である。これを専用のインジェクタで，首の後ろなどゆとりのある皮下に埋め込む。Biomark 社などの製品がある。トランスポンダは観察者側のアンテナか

図 1.16　アデリーペンギンのマーキング
親にはフリッパーバンドをつけ，胸には巣番号を毛染めで書いている。同じ巣のオス・メスは，フリッパーバンドの上に色付きのプラスチックタイをつけて識別している。雛は，プラスチックタイに番号札をつけて個体識別する。南極マグネチック島（オーストラリア基地）にて。

ら発した電波信号を受けて個体別の信号を返すので，それを受けて個体識別する。通信距離は 2 m 程度と短いが，自動個体識別が可能である。この手法は，海鳥ではペンギンの研究で初めて利用された。繁殖地の周囲を高さ 1 m 程度の金網で囲い，出入り口を 2〜3 カ所作り，ここに読み取り装置を設置することで，自動的にペンギンの出入りが記録された（Kerry *et al.*, 1993; Le Maho *et al.*, 1993）。

行動観察や移動記録のため，羽根を染色し，個体識別することもある。体に白い部分が多い種類では，2 液混合型で 5 分速乾性の人間用黒の毛染めでマークするとよい。繁殖期間中は容易に識別できる。捕獲し，筆で番号や記号を書くこともできる（図 1.16）。捕獲できない場合は，原料を求め，うすめ液の量を増やして水鉄砲でかけるか，巣に座ったら体につくように工夫することでマークできる。そのほか赤や青の毛染めも利用可能だが，長持ちはしない。カモメ科では，翼に色付きプラスチックシート片でマーク（**ウィングタグ**と呼ばれる）する場合がある（図 1.17）。遠くからでも目立ち，各地での目撃がよく報告されるので，渡り経路の推定などに役立つ。

こうしたマーキングがどの程度行動や繁殖に影響するか，他個体の反応を含

図1.17　ウミネコに装着したウィングタグ（左）・タグおよびハトメ装着用具（右）
ウィングタグ（左）は厚さ約1 mm 程度の塩化ビニル製のシートから作成した。重さは約3 g。片面には装着年を表すアルファベット1文字（A）と3桁の数字を記入。タグに穴をあけておき，鳥の負担にならないよう注意して翼の根元を挟み込むように装着し，金属ハトメで固定する（撮影：高木昌興）。右はタグとハトメ装着用具。金属リングとそれを装着する専用ペンチも見えている（撮影：長 雄一）。

め注意深く観察する必要がある。ペンギン用のフリッパーバンドは，付け根とはいえ水中遊泳に欠かせないフリッパーに装着するので，この装着はペンギンにとって負担になり生存率にも影響することが近年わかってきた（Le Maho *et al.*, 2011）。皮下埋め込みトランスポンダはフリッパーバンドに比べるとやや脱落しやすいものの，生存率へ影響は少ないようで（Dann *et al.*, 2014），その利用が推奨されている。足環は脱落しかかったりきつすぎたりすると足にダメージを与えることがあるので，最適なサイズを使うことが重要である。シジュウカラでは明るい色の足環をつけた個体のほうが生存率低いことが報告されている（Tinbergen *et al.*, 2014）。毛染めによるマーキングは短期間であり，そのマーキング期間中海鳥の行動を大きく変えるとする報告はないが，どのような効果を与えるか詳しい研究が必要である。ウィングタグは注意深く装着しないとダメージを与えることがあり，また繁殖成績を低下させることもある（Trefry *et al.*, 2013）。なお，色足環やウィングタグなどを発見した場合，我が国では山階鳥類研究所に問い合わせが行くことが多いので，装着した種類や足環・タグの形状と番号を，あらかじめ山階鳥類研究所に連絡しておくとよい。

1.9　死体の解剖

漁業による混獲によって死亡した海鳥の死体を入手できることがある。また，浜辺において海鳥の死体を拾うこともある。死体はさまざまな情報を与えてくれる。死体の状態がよければ，脂肪量や肝臓重量から栄養状態がわかるし（Box 1.1），胃内容物は食性の研究（5章）にとって極めて貴重である。かなり状態が悪い死体でも，1.7節に示したように羽根は化学マーカーを調べるためのサンプルとして使えるし，後胃（後述）中に残されたプラスチックから海洋汚染の情報を得ることができる。本節では，死体の解剖手順について紹介する。ここでの解剖手順は，形態学的研究としてではなく，あくまでも，野外研究者が生態学的調査に供することを目的とし，後で仮剝製標本として保存することを念頭に置いたものである。

まず，外部計測，翼形，換羽の記録を行う。次に，竜骨突起（胸骨の中心の出っ張り）に沿って，鳥の皮膚は薄いので筋膜を切らないように注意して，鎖骨の上から肛門のやや上までメスを入れ，ここから皮膚を剝がす。その際，皮下脂肪は皮側につける。上腕と大腿部，背中と首を剝皮し，頭部は目の前まで皮をむく。ここで，脇腹の皮側についた皮下脂肪量を以下の3段階で記録する。

+　：羽軸の根元がはっきり見え，脂肪がないか皮のように薄い。

++：脂肪が少なく，羽軸によるでこぼこ（鳥肌を裏から見たイメージ）が見え，脂肪はオレンジ色を呈する。

+++：脂肪が皮下全体についており，厚く，クリーム色またはピンクがかった白色を呈し，羽軸によるでこぼこは見えない。

皮を剝がしたら，ひじ関節，ひざ関節を切断し，手足を胴体から離す。さらに，頭を切り離す。この際，食道内に餌が充満していることがあり，これをこぼさぬよう指で食道をつまんだまま，はさみで切断する。餌がある場合はこれをサンプル瓶にとる。さらに，体の皮を剝ぎ，尾部を十分露出させる。背側より，一対ある尾脂腺から皮を外し，尾脂腺をとりながら，その下にある尾羽根の羽軸先端を露出させていき，最後に尾端骨先端を抜く。この際，尾羽根の羽

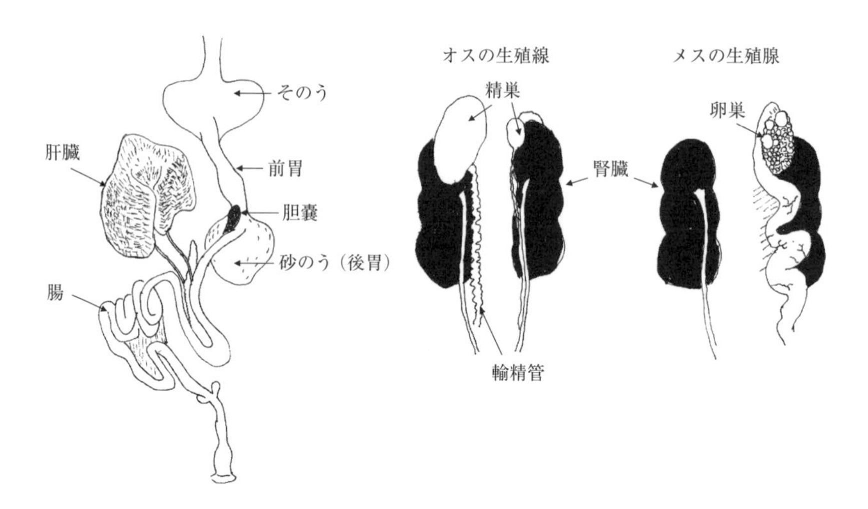

図 1.18　鳥類の消化管（左）および生殖腺（右）
卵巣は片側だけが発達する。精巣は両側にある。繁殖期には発達し見やすい（オスの向かって左の精巣）が，非繁殖期には判別しづらいことが多い。

軸を切らないように注意する。これで皮がすべて外れる。皮は仮剥製とする。

次に大胸筋を外す。大胸筋は胸骨の尾側の付着部をメスで切り離し，取り外す。大胸筋を外すと小胸筋が現れるのでこれも外す。右の大胸筋，小胸筋，別々に重量を測る。腹膜を切り開き，腹腔内脂肪量を次の4段階で記録する。

1：小腸同士が接する隙間などに少量の脂肪がついており，上から見た時の脂肪の面積としては，腹腔全体の25% 以下である。
2：小腸の下方に厚く脂肪がつくか，全体に薄くつく場合もある。厚く脂肪がついている白色あるいは薄いピンク色の部分の総面積が腹腔全体の25～50%。
3：脂肪が小腸の下方と上方に厚くつき，腹腔の50～75% を覆う。
4：脂肪が小腸全体に厚くつき，75% 以上を覆う。

左右それぞれの肋骨の関節をはさみで切断し，胸郭骨格を持ち上げて外す。消化管と肝臓を取り外すと赤黒い腎臓が見える。その中よりに白い生殖線があるので，オス・メスを確認する。オスの精巣は左右一対で白く，その発達度合いはさまざまである。メスの卵巣は左側（腹側から見て右）のみ発達し，繁殖期には多数の白い卵黄が観察される（図 1.18）。非繁殖期や若い個体では，これらの生殖腺が未発達のため性が判定できないこともある。食道を引き上げ，結合組織をはさみで切りながら，心臓，肝臓をはさみで切り離す。後胃（砂のう）の後ろで，食道，前胃，後胃を一緒に切り離す。切り離した筋肉・臓器の湿重量を電子天秤で，0.1 g 単位で測定する。胃内容分析の手順については 5 章で述べる。

Box 1.1

非繁殖期におけるハシボソミズナギドリの栄養状態

非繁殖期に洋上で海鳥を捕獲するのは極めて困難である。非繁殖期に漁具で混獲された死体は，不幸なことではあるが，貴重なサンプルである。ベーリング海中央の海盆域（深度 400 m 以上の外洋域）において，水産庁は米国と共同で毎年夏にサケ・マス資源調査を行っている。最近まではその際に流し刺網を使用しており，ハシボソミズナギドリが混獲されていた。近年は海鳥の混獲を避けるため表層トロール網を使っている。筆者らは，混獲された本種の死体を譲り受け，解剖を行い臓器重量や脂肪ランクを分析するとともに胃内容物の分析も実施してきた。その結果，2002〜2008 年のデータを調べてみると，次のような興味深いことがわかった（Toge *et al*., 2011）。

ハシボソミズナギドリは，オーストラリアのタスマニアなどで 10〜4 月に繁殖し，5〜10 月の非繁殖期には太平洋北部で過ごし，特にベーリング海では 1,300 万羽が夏を過ごす。ハシボソミズナギドリは太平洋北部では主にオキアミを食べる。サケ科魚類も同じ海域で夏の間，ハシボソミズナギドリと同じように表層にいる餌生物を食べる。そのうち最も食性が似ているのはカラフトマスである。カラフトマスは 2 年で成熟し，川に戻ってきて産卵する。そのため，ベーリング海中央部において，カラフトマス資源量は奇数年には偶数年の 10〜20 倍に達する。ハシボソミズナギドリはこのカラフトマスの 2 年周期の資源変動に対し，餌の種類を変えることなくオキアミを主に食べていたが，栄養状態指標，皮下脂肪ランクと肝臓重量はカラフトマス資源量と負の関係にあった（図）。栄養状態には渡りなども関係するので解釈はそう簡単ではないが，混獲されたのが非繁殖期を過ごす海域に到達してから 1〜2 ヶ月後であることを考えると，その間に得たエネルギーを反映している可能性が高い。したがって，これらの結果は，カラフトマスがたくさんいるとハシボソミズナギドリは餌をとりづらくなることを示唆している。

このカラフトマスの資源量の 2 年周期での変動は，野外における捕食者の数の大

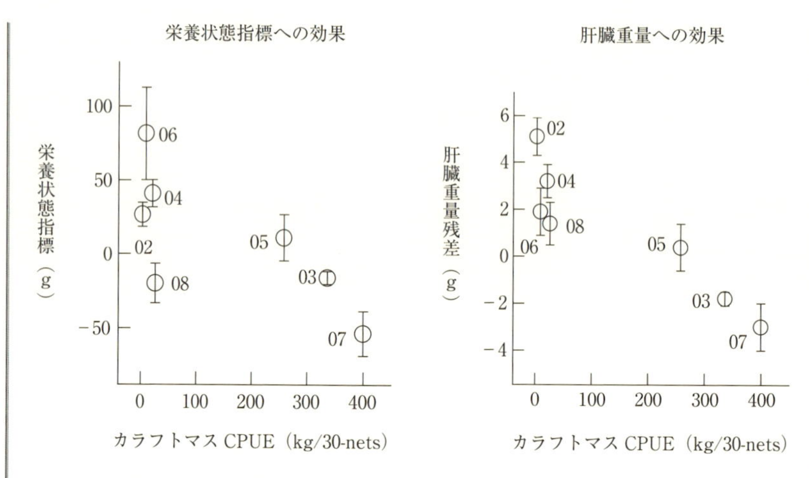

図　カラフトマスの密度（CPUE，流し刺網30反当たりの漁獲重量）とハシボソミズナギドリの栄養状態（栄養状態指標と体重補正した肝臓重量残差）の関係

2002年（02）から2008年（08）まで，それぞれの年の年平均を示す（Toge *et al*., 2011 より）。

規模操作実験とも見なせる。カラフトマスの数は奇数年と偶数年で規則的に変動するので，水温，1次生産などの他の環境要因の変化をおおまかには無視してもよいと思われるからである。そのため，この現象に注目したいくつかの研究がなされている。カラフトマス資源量が増加すると，オキアミを含む動物プランクトンが減り，植物プランクトンが増える（Shiomoto *et al*., 1997）といった栄養段階カスケードを引き起こすとともに，シロザケの餌中のゼラチン質動物プランクトンが増え，シロザケとベニザケの栄養状態が低下する（Tadokoro *et al*., 1996; Ruggerone *et al*., 2003）。このようにカラフトマスは，彼らの餌生物と他のサケ類の両方に負のインパクトを与えていることが報告されている。筆者らの研究は，カラフトマスの増加が，全く別の生活史をもつハシボソミズナギドリに対しても負のインパクトを与える可能性があることを示唆している。

第2章 繁殖数のセンサス

2.1 はじめに

海鳥の繁殖数の変化から，海洋生態系の劇的な変化が明らかになることがある。エルニーニョが南米太平洋沿岸域のペルーカタクチイワシの資源量激減をもたらすことはよく知られていたが，それが高次捕食者を含む海洋生態系全体に影響することを教えてくれたのは，肥料としての海鳥の糞堆積物生産量の激減である（Furness and Monaghan, 1987）。また，まえがきで述べたとおり，海鳥個体群の絶滅リスクを推定し，その保全事業を事後評価する際にも，繁殖数は必須の情報である。さらに，海鳥による捕食量を知り，周辺海域の海洋生態系に対する海鳥のインパクトを推定するためにも，個体数データが最も重要な情報である（5章も参照）。

海鳥は陸上で集団繁殖するので，他の海洋生物に比べると繁殖数の調査が格段に容易で，主要な種において全世界での繁殖数が推定されている（Croxall *et al.*, 1984; Brooke, 2004b）。各地でセンサスマニュアルが整備され（Walsh *et al.*, 1995; CCAMLR, 1991 など），繁殖地の個体数データベース作りが進められている。繁殖数センサス方法は，営巣様式によって異なる。ここでは，**地上営巣**，**巣穴営巣**，**岩棚営巣**，**岩間隙営巣**の4タイプに分け，それぞれについてのセンサス方法を紹介する。さらに夜行性の種で利用できそうなセンサス手法についても述べる。これらの手法について，日本で繁殖する代表的な種を材料に紹介する（表2.1）。ここで述べるのは，環境省の事業として実施されているモニタリング1000（http://www.biodic.go.jp/moni1000/findings/reports/pdf/second_term_seabirds.pdf）で使われているセンサス手法を簡易化したものである。多くの場合，繁殖地への立ち入りが必要となるので，そのための許可を受ける必要がある。

表2.1　海鳥の営巣習性・日周性と使用する繁殖数センサス方法

営巣習性・日周性	日本に繁殖する代表種	センサス手法
地上営巣・昼行性	アホウドリ，カツオドリ，ウミネコ，セグロアジサシ	抱卵期に巣数を数える
土巣穴営巣・夜行性	オオミズナギドリ，ウトウ，コシジロウミツバメ	多数の調査区で巣穴密度を測定し，営巣面積を乗ずる
岩棚営巣・昼行性	ウミガラス，ウミウ，ヒメウ	抱卵・育雛期に親鳥あるいは巣数を数える
岩隙間営巣・昼行性	ケイマフリ	育雛期に定点観察で巣位置をプロットし数える
岩隙間営巣・夜行性	ウミスズメ，カンムリウミスズメ	夜間捕獲数や繁殖地周辺海上での親鳥数を個体数の指標とする

2.2　地上営巣種

カモメ科など平地に営巣する種類は，陸上および海上から，双眼鏡・望遠鏡を使って巣を数える。確実に親が巣に座っており，繁殖巣を確認しやすいため，抱卵期に実施するのがよい。観察距離が遠いなどの理由で，巣を正確に数えられない場合は，地上にいる成鳥数を数える。この場合，成鳥数を巣数に換算するには，繁殖段階を知る必要がある。繁殖段階（抱卵期，抱雛期，育雛後期）によって，親が巣にいる時間が変化するためである。20×20 m 程度の小区画で巣数を実測し，巣の中身が卵なのか雛なのかを記録するとともに，その区画内にいた成鳥数を数え，成鳥数と巣数の換算係数を求めておくとよい。大規模な繁殖地で実施する際は，地形図に繁殖地の範囲を記入し，ブロックを区切ってそれぞれの巣数を数え，合計する。アホウドリ科，カツオドリ科は体が大きく目立つため，複雑な地形でない限り，繁殖地全域でセンサスできた場合の誤差はそう大きくないだろう（図2.1）。

亜熱帯のアジサシ類やカツオドリ科などは，同一の繁殖集団内でも3〜4カ月の比較的長期にわたり産卵が見られるため，可能であれば繁殖期間中複数回調査する（河野ほか，2013）。アジサシ類は撹乱によって巣を放棄し，捕食されやすくなるので，繁殖地に接近する際は注意し，たとえば，後述のように写真撮影をして個体数を数えるなど，種の特性に応じたセンサス方法（阿倍ほか，1986；水谷・河野，2009）を用いる必要がある。

図 2.1　地上営巣するコアホウドリの集団繁殖地
目で容易に数えられる。ミッドウェー島にて。

大規模繁殖地で適当な撮影ポイントがある場合には，撮影した写真から巣あるいは抱卵中の個体数を数えることもできる。繁殖地が1枚の画像に収まらない場合は，各画像が十分重複するように撮影する。後日，各画像を拡大印刷し，重複分を除外して集計する。すべてを撮影できない場合は，撮影した範囲について十分な記載をしておく。デジタル画像の場合は，Adobe Photoshop や ImageJ などのソフトウェアを用いて，カウント作業の一部を自動化することもできる。コウテイペンギン，アデリーペンギンでは，糞によって着色した海氷や地面の面積を衛星画像から読み取ることで，個体数を推定し，南極大陸全域での個体数が推定されている（Fretwell *et al.*, 2012）。

2.3　巣穴営巣種

ミズナギドリ科，ウミツバメ科の多くの種，およびウミスズメ科の一部の種は，地面に巣穴を掘って営巣する（表 2.1）。多くの営巣地は草に覆われており，巣穴を数え上げるのは不可能なので，複数の調査区を設定し，それらの巣穴密度と，総営巣地面積から巣数を推定する。巣穴密度は植生などの環境によ

図 2.2　ウトウの巣穴密度の測定
天売島で巣穴営巣するウトウの巣穴密度を 2×10 m のベルトコドラートごとに数える。植生タイプ別に層別サンプリングをする。天売島にて。

り大きく異なるので，営巣環境ごとに密度を求め，営巣環境ごとの面積を乗ずる**層別抽出法**を使うとよい。調査区の形状は，幅 2 m×長さ 50 m の**ベルトコドラート**（図 2.2），10×10 m の固定区など，使いやすいものを使う。ベルトコドラートでは，5 m ごとに区切って巣穴数，植生を記録する。コドラートの位置は GPS で記録する。コドラートの方位や傾斜により巣密度が異なる場合もあるので，地形も記録しておくと便利である。ウトウとコシジロウミツバメは巣穴の大きさから種を判定できるが，ウトウとオオミズナギドリなど，ほぼ同じ大きさの複数種が繁殖する島では，巣穴の大きさだけでは種を判定できない。その場合，一部の巣については，ファイバースコープを巣穴に入れて，抱卵中の親鳥の種を確認し，その営巣地での種の比率を求めておく必要がある。

次に繁殖地全体を踏査し，繁殖地の植生図を作るなどして，繁殖地の面積を営巣環境（たとえば植生）ごとに求める。環境ごとに面積を求められない場合は，総繁殖地面積を使う。その際，地形図を使って面積計算をすることになるが，ベルトコドラートは地表面に決まったサイズで設けられているので，面積計算の際，地形の傾斜を考慮する必要がある（松本ほか，2007）。ベルトコドラート法は，繁殖地内の営巣密度の均一性やベルトコドラートの大きさと数によって精度が異なる。一部しか調査できない場合でも，毎回一定の方法で同時期に数えることで，繁殖数の変動傾向を知ることができる。

総繁殖巣数を求めるには，**巣穴利用率**を求めておかなければならない。すべての巣穴が使われているわけではないからである。巣穴数に巣穴利用率を乗じて繁殖つがい数とする。巣穴利用率は，CCD カメラ等を使用して一定数の巣穴内部を確認し，成鳥・雛・卵の有無を記録し求める。簡便な方法として，ミズナギドリ科，ウミツバメ科，ウミスズメ科の親は，育雛期にはほぼ毎晩給餌のために巣に戻ってくるため，育雛期に巣穴入り口から少し入った位置に竹串などを立て，翌朝，竹串が倒れるか消失していた巣穴の割合を「見かけ上の巣穴利用率」とする方法もある。ただし，別の巣の親や非繁殖鳥が竹串を倒す場合もあるので，この方法の精度は検証が必要である。

地上営巣するカモメ科においても，大規模繁殖地で営巣地を見通せないため，すべての巣数を数えるのが難しい場合，抱卵期にベルトコドラート法で巣数を推定する手法がとられることもある（小杉ほか，2005）。この手法では，繁殖地の中に入るので，繁殖個体に与える撹乱を最小にするため，繁殖地での滞在時間を短くするよう手際よく実施することが求められる。

2.4　岩棚営巣種

ウ科およびウミガラス類は，断崖の岩棚や急斜面に営巣する（図 2.3）。見通しのよい場所から営巣地をスケッチし，あるいは営巣地を写真に撮って，抱卵あるいは抱雛している巣を数える。地上から見えない部分は海上から数える。1 カ所から見通せる場所は限られるので，地形図を使って各点から見通せる営巣場所ごとにブロックを区切り，巣数と成鳥数を数えると見落としがない。陸上と海上のカウントの重複について検討し，観察が重複したブロックについては，多いほうの巣数を採用する。営巣地の大部分が陸上から観察可能な繁殖地では，見えない箇所だけ海上から観察して数え陸上観察による見落とし率を計算しておき，海上から数えることができなかった年は，過去の見落とし率を参考に総巣数を推定する。

図2.3　岩棚営巣するウミガラス
岩棚営巣するウミガラスやミツユビカモメは，対岸や崖のへりから目視で数える。メイ島（スコットランド）にて。

2.5　岩間隙営巣種

エトピリカやケイマフリは，崖の岩の割れ目や大きな転石の隙間に営巣する。これらの種では，巣・卵・雛を直接観察することができない。そのため，巣の位置を親の出入りから推定して，繁殖数を数える。ここでは昼行性のケイマフリを例として説明する。本種は日中に餌をくわえて巣に戻り，雛に給餌する。給餌期である7月上旬～中旬に，繁殖崖を見渡せる陸上または海上の観察地点から，早朝から日中にかけて定点観察を行う。崖の地形図，写真，スケッチ等に個体が出入りした地点を記入する（図2.4）。それぞれの出入り地点には番号をつけ，出入り時刻と餌を運んでいたかどうかを記録する。給餌期に出入りしていた地点数を繁殖数と見なす。

こういった詳細な調査が困難な場合は，一定の手法で繁殖地近くの海上に浮いている親鳥の数を数える。ケイマフリでは，抱卵期前の早朝，見通しがよい崖の上から，本種が集中して利用する繁殖崖近くの海面に浮いている個体数を数える。抱卵前の時期に最大個体数が観察され，これは繁殖つがい数をある程

ある区画での育雛中の巣の位置

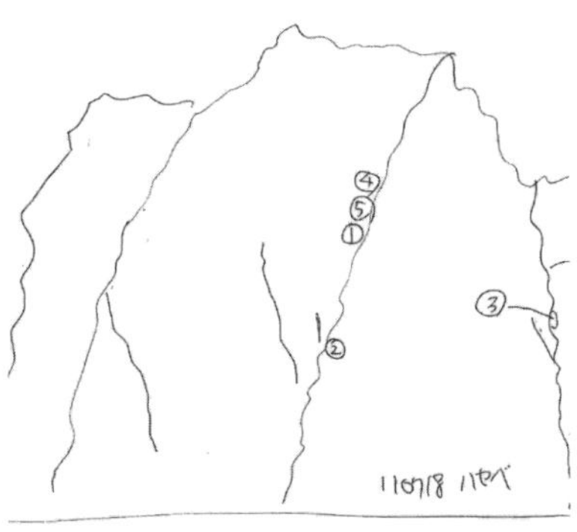

別の区画での巣位置のスケッチ

図 2.4　岩の隙間営巣するケイマフリの巣数のカウント法
海上の岩から繁殖崖を観察し，巣への出入りや給餌を確認する。繁殖している崖の正確なスケッチと写真を使う。天売島にて（撮影とスケッチ：長谷部真）。

度反映することがわかっている（長谷部ほか，2015）。

2.6　夜間捕獲および繁殖地周辺での海上カウント

ウミツバメ科の一部や小型ウミスズメ科などは岩の割れ目や間隙に営巣するため，ベルトコドラート法で巣を直接数えることができない。また繁殖地では，夜行性のため巣への出入りも観察できない。これらの種類については，まず夜間繁殖地に戻る親鳥をカスミ網で捕獲し，その数を相対的な密度の指標とすることが可能である。夜間に多数が飛来する尾根地形上などにカスミ網を設置する。捕獲数に影響する繁殖数以外の要因を配慮するため，網の枚数とメッシュサイズ，誘引音声の有無，捕獲開始時刻と終了時刻，天候，月齢などを記録する。コシジロウミツバメの捕獲数は月明かりがあると少なくなる（Watanuki, 2002）。一般的に，捕獲調査は日没後1時間頃から2時間以上実施する。季節，網設置場所，調査時刻や気象条件などが揃っているデータを利用して，個体数の長期変化傾向を知ることができる。なお，カスミ網の使用と捕獲には許可が必要である。

カンムリウミスズメなどの夜行性の小型ウミスズメ科においては，崖に営巣するため接近困難で，しかも確実な繁殖情報すらない場合がある。これらの種は，夜間に島周辺に滞在する習性があるので，親鳥が島に戻る日没後に小型船で，繁殖していそうな崖から 200～500 m 離れて周回し，強力なスポットライトで左右を一定範囲（200 m）照らし，海上に浮いている成鳥を数える（Whitworth *et al.*, 2012）。これらの個体には非繁殖個体が含まれている。そのため，繁殖個体数を推定するには，夜間海上に浮いている個体をたも網で捕獲し，抱卵斑（1.6 節参照）をもち，繁殖していると判断される個体の割合を調べるか，岩の割れ目を精査し繁殖数を調べ，それとの比を知る必要がある。小型ウミスズメ科は日没後に繁殖地で種特異的な声でよく鳴くので，繁殖地で一定時間すべてのウミスズメ類の鳴き声を数える方法もとられている。個体数が少ない繁殖地では，鳴き声カウント数が生息数の変化傾向を反映する場合があるからである。

2.7　繁殖数を推定する際の問題点

これらの手法はそれぞれ精度が異なる点に注意しなければならない。さらに同じ手法を使っても，調査時期，調査頻度，繁殖地の均質性，調査区面積が繁殖地面積に占める割合，調査員等により，その精度も変わる。各調査手法の精度について現在十分な議論はされていない。そのため，1）複数の調査員が独立に繁殖数センサスした場合の数の比較，2）十分な数のベルトコドラートをとった場合や繰り返しカウントした場合の数のばらつきの検討，3）ベルトコドラート法と直接カウント法で得られた数の比較，など精度の検証を行い，手法を改良する必要がある。手法の改良は，過去のそれほど厳密ではない手法で得られたデータに価値がなくなることを意味するものではない。過去の情報も，その手法について吟味したうえで，十分役に立つ。また，ここで紹介する手法では非繁殖鳥を数えることはできない。長寿命の海鳥では，繁殖開始まで数年かかる種が多く，繁殖前の若鳥も繁殖地を訪れる。大型のアホウドリ類は隔年繁殖が普通であるため，ある年の繁殖巣数はその島の繁殖個体群の数より少ない。

また，繁殖前の餌条件が悪いと，繁殖をその時点で，あるいは産卵期にやめる個体が多いので，抱卵期の調査では，こうした繁殖を中断した個体の数はわからない。こうした問題点に注意して結果を解釈する必要がある。

Box 2.1

天売島の海鳥の繁殖数の変化

筆者らは北海道天売島において，1979 年以降海鳥の繁殖数のセンサスを継続している。この島にはカモメ科 2 種（ウミネコ，オオセグロカモメ），ウミスズメ科 4 種（ウトウ，ウミガラス，ケイマフリ，ウミスズメ），ウ科 2 種（ウミウ，ヒメウ）が繁殖する。ウミガラスについては，繁殖崖にいる個体数を直接カウントし，ケイマフリについては，簡便な手法として繁殖崖下の海面に浮いていた数を数えた。両種とも 1970 年代まで急に減っている（図；Osa and Watanuki, 2002; Hasebe *et al*., 2012)。ウミガラスについては，環境省の特定鳥類保護増殖事業に基づき，デコイによる誘因と捕食者であるカラス・オオセグロカモメの駆除を含む保全事業が進

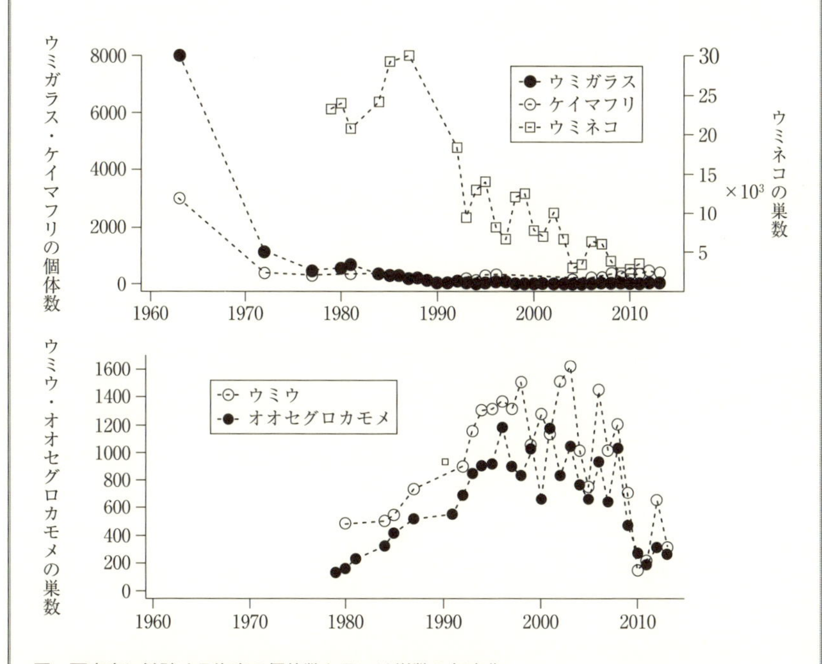

図 天売島に繁殖する海鳥の個体数あるいは巣数の年変化

種によって年変化傾向が大きく異なる。1979 年以前のデータは文献による。詳しくは Osa and Watanuki (2002) および海鳥コロニーデータベース（環境省生物多様性センター）。

められ，ここ何年か，毎年 10 羽程度が巣立っている。ウミネコについては，抱卵期に繁殖地にいる成鳥数が数えられており，抱卵期に成鳥が巣にいる時間割合を使って巣数に変換している。1990 年代までは，20,000～30,000 つがいとかなり多数が繁殖していたが，その後減っている。オオセグロカモメとウミウについては，抱卵期に巣数を陸と海から数えている。両種とも，1980 年から 2000 年まで増加し，その後減っている。

ウトウの巣穴数については，ベルトコドラート法で植生ごとに巣密度を測定し，それぞれの植生の営巣地面積を乗じて総巣穴数を推定し，さらに竹串法で調べた巣穴利用率を乗じて推定されている。1980 年以降はほぼ同じ手法で推定されており，300,000 つがい前後で横ばいかやや増加傾向にある。ヒメウについては 1990 年代以降，育雛期に海と陸からの巣の直接カウントによって調べられており，その巣数は 30～50 つがいと年による変化が大きいが，今のところ長期的傾向は認められない。ウミスズメの繁殖数については，崖の岩の割れ目営巣で夜行性のため，信頼できるデータはほとんどない。1956 年におおよそ 500 羽程度が繁殖していたという報告があり，その後 1980 年代に崖の一部で十数巣が見つかったという記録はあるが，それ以降は確実な繁殖記録は残されていない。そのため，繁殖地における記録からは個体数の変化傾向はよくわからない。島と北海道本土を結ぶフェリー航路において，散発的だが長期にわたるセンサス（8 章）が行われている。その結果によると，1990 年代～2000 年代には数が少なかったが，最近目撃数が増えているようである。

最近，日本の海鳥の現状についての本格的な調査が始まりつつある。我が国で環境省が 2003 年より 100 年計画で実施しているモニタリング 1000 事業の中に，海洋生態系の変化を監視するため海鳥繁殖地が 30 カ所入っており，そのデータが公開されている（http://www.sizenken.biodic.go.jp/seabirds/）。現時点でモニタリング 1000 の海鳥繁殖地の個体数データは，その事業による成果だけを取り入れ公表されているが，環境省生物多様性センターが管理する海鳥コロニーデータベースは，モニタリング 1000 の成果を要約したデータや過去に印刷物として発表された情報に加え，データ取得者の了解のもとに，ネットで公開された情報や未発表データも公開している。

第3章 繁殖モニタリング

3.1 はじめに

マイワシなど多獲性浮魚の資源量が変化すると，それを主食としていた海鳥種において，採食時間，繁殖のタイミング，一腹産卵数，卵体積，孵化率，雛の成長速度，巣立ち率，巣立ち体重といった多くのモニタリング項目が直ちに変化する。そのため，これらの年変化は多獲性浮魚の資源量変化の即時的な指標となる。各項目で大きな変化が観察されるのは，それぞれ異なる餌資源量レベルにおいてである (Cairns, 1987；図 3.1)。そのため，さまざまな項目を測定しておけば，資源量が小さい場合から大きい場合まで幅広く評価できる。具体的には，餌資源が減り始めると，まず，親は餌を求めて繁殖地から遠くまで採食に出掛けるようになるので，採食トリップ時間が長くなり，1 日の採食時間

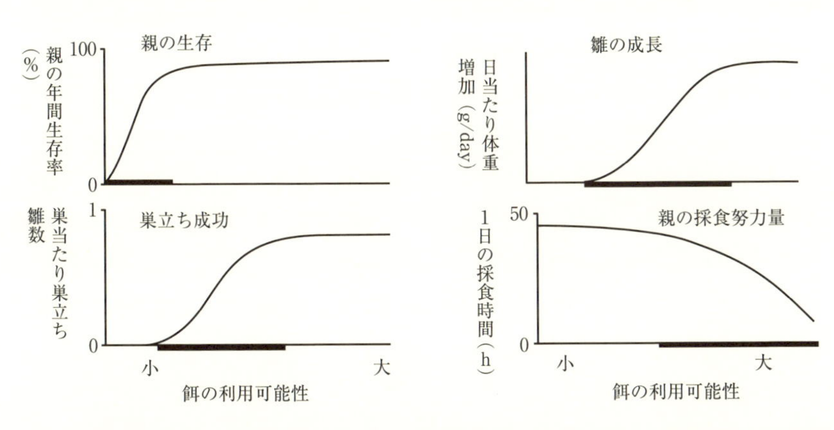

図 3.1　餌資源減少に対する海鳥の親の生存率，雛の生長速度，巣立ち成功率，採食時間における反応の模式図

太い横棒はそれぞれの測定値の変化が観察される，つまり指標となる餌の利用可能性の範囲を示す。Cairns（1987）に基づく。

が長くなる。餌資源量がさらに減少すれば，採食時間を増やしても追いつかず，雛への給餌量や回数が減るので，結果的に雛の成長速度や巣立ち体重は小さくなる。さらに餌資源量が減少すると，巣立ち率も低下する。もっと餌が少ない年には，親自身の栄養蓄積量が減り，翌年までの生存率が低下する。餌の利用可能性が極端に減少すると多数の成鳥が死ぬこともある（Baduini *et al.*, 2001）。こうした海鳥の繁殖についてのさまざまな項目に加え，5章で述べるように海鳥の餌の種類とサイズをモニタリングすることで，餌生物の資源量（Cairns, 1992; Reid *et al.*, 2005; Furness, 2007），餌生物の再生産（Bertram and Kaiser, 1993），大規模な生態系の変化（Reid and Croxall, 2001）などの情報を得ることも可能となる。

ただし，海鳥の繁殖成績などを海洋生態系の指標として使う際には，いくつかの点に気をつける必要がある。まず，個体の質（採食や繁殖能力の個体差）に依存したバイアスの問題である（Durant *et al.*, 2009）。次に，集団繁殖地での調査なので，生態系情報の収集範囲が繁殖地からの採食範囲に限定される点である。さらに，餌資源量変化に対する反応は直線的とは限らない点である。周辺海域の資源量の変化に対し，もっぱらその餌を食べる海鳥がどう反応するかを定量的に調べた研究はいくつかある。その反応は直線的ではなく，繁殖成績はある資源量までは急に上昇するが，それ以上資源量が増えても上昇しない（Cury *et al.*, 2011）。最後に，繁殖成績における反応の程度は，海鳥の種類によって異なる（Furness and Tasker, 2000）点にも注意しないといけない。体が大きな種ほど，さまざまな餌を食べる種ほど，また，採食時間を増やすゆとりのある種類ほど，餌資源量が減少しても繁殖成績が低下する程度は弱い。餌資源量の変化や生態系の変化について総合的に判断するためには，複数のモニタリング項目について複数種で結果を比べる必要がある。

本章では，長期継続して調査すべき基本項目（繁殖時期や繁殖成績）に関する調査手法について取り上げる。海洋環境変化がこうした繁殖に関する基本項目に影響するメカニズムを解明するために採食トリップ長や給餌速度を調べる手法は4章で述べることとし，餌の分析については5章で説明する。

3.2　繁殖成績

繁殖タイミングは，**初卵産卵日**（各巣で最初に産卵された日）が指標となる。海鳥では抱卵日数は種内でほぼ一定であるので，繁殖タイミングとして孵化日を使ってもよい。育雛日数は餌条件により変化するので，巣立ち日は繁殖のタイミングの指標として適切ではない。産卵日は，産卵前の餌条件や気候条件（Box 3.1 参照），渡りをする種では越冬地を離れるタイミングの影響を受ける。卵の大きさや**一腹卵数**（クラッチサイズ）は遺伝的に決まっている部分もあるが，環境条件によっても変化する（Williams, 1994）。特に，一腹卵数は造卵期の栄養状態の影響を大きく受ける（Bolton, 1995）。一腹卵数が 3～5 の種類では，巣当たり巣立ち数，卵当たり巣立ち数はその年の全般的な餌の利用可能性の指標となる。ミズナギドリ目やウミスズメ科の一部では一腹卵数は 1 であり，一腹卵数を指標として使うことはできない。一方，一腹卵数が 1 であるこうした種類では，雛の成長速度，巣立ち日数や巣立ち体重が育雛期の餌の利用可能性を大きく反映すると考えられている。

卵は長径と短径の両方をノギスで測る（図 3.2）。**卵体積**は（長径 L）×（短径 d）^{2} を指標とする。対象とする種類において，卵体積（V）とこの卵体積指標とはよい直線関係（$V=kLd^2$）にあり，係数 k をあらかじめ求めておけば，卵体積

図 3.2　卵サイズの測定（ウトウ卵）
長径と短径を測り体積の指標とする。天売島にて。

指標を卵体積に変換できる。たとえば，セグロカモメでは $k=0.476$（Harris, 1964），ウミネコでは $k=0.500$（小城ほか，1999）である。**雛成長速度**は，簡便のため，雛の体重がほぼ直線的に増加する期間の日当たり増加として求める。一定間隔（5日間）で量った雛の体重を，3点以上のデータがある個体の直線回帰式の傾き（g. day^{-1}）とする。直線的成長期間は種により異なるので，あらかじめその基準を定めておく。オオセグロカモメでは5〜25日齢（100〜750 g），ウミネコでは5〜20日齢（100〜500 g），ウミウでは0.2〜2.0 kgの範囲，ウトウでは5〜20日齢（50〜250 g）が目安である。巣立ちした雛と途中で死んだ雛とで直線的成長速度に差が生じることがあるので，巣立ちした雛と直線成長する体重の上限（ウミネコでは500 g），または日齢（20日齢）には達したが巣立ち前に死亡した雛を分けて，その年の平均体重成長速度を計算する。

孵化率は産卵数に対する孵化した雛数の割合で，**巣立ち率**は孵化した雛数に対する巣立ちした雛の割合であり，いずれも巣ごとに求めるか調査区全体の総和として計算される。海鳥では巣立ちの判定は難しい場合がある。というのは，巣立ちは雛が巣を離れることを指すが，カモメ科，グンカンドリ科やウ科などのように，巣を離れた雛がその後もしばしば巣に戻り親に餌をもらうことがある（Burger, 1980）からである。また，夜間に巣立ちするウミスズメ科などの場合は，捕食による消失と紛らわしいこともある。これらの鳥類では，ある日齢あるいは体重に達したら巣立ちと見なす手法がとられる。ただし，巣立ち日齢は個体差が大きく，その齢に達した後巣立ち前に捕食されることもあるので注意が必要である。**巣立ち体重**は，こうした種や調査の目的に応じた一定の基準で巣立ちと判定された雛の体重である。

3.3　地上営巣種

ここではウミネコとオオセグロカモメを例に説明する。調査にあたっては，まず30巣程度を含む固定調査区を複数設定する。地上営巣し，雛が半早成性（孵化後数日で，自力で移動する能力をもつが，餌は親からもらう）のカモメ科では，調査者が繁殖地に入ることによる影響が懸念されている（Carney and Sydeman, 1999）。たとえば，日齢10〜20日のカモメ科の雛は調査者の接近に

図 3.3　ウミネコの繁殖成績を調査する
数字の書いてある赤いプラスチックペグで巣をマークし，巣内の卵を調べている。育雛期には，調査のため繁殖地に入ると雛は歩いて逃げる。なわばりに戻る間に他の親につつかれるので，金網で調査区を仕切り，あまり遠くまで逃げないようにしておく。利尻島にて。

対し逃げやすく，自らのなわばりの外まで逃げた場合，隣接個体などの攻撃にさらされることがある。その影響を軽減するため，雛が遠くまで逃げないよう調査区を高さ 60 cm 程度のネットで囲う（図 3.3）。アホウドリ科とペンギン科の種では調査者による撹乱は繁殖成績を大きく低下させるほどではない。

次いで，巣が作られ始めた頃より一定間隔（たとえば 5 日ごと）で調査区を見回り，各巣の初卵（第 1 卵）が産卵されたら，巣番号をつけた杭を立てる。丈の高い草が生えない場所（ペンギンの営巣地など）では，鳥の行動を妨げないように，プラスチック番号札をつけた短いペグを使うとよい（図 3.3）。卵は黒の油性マジックで産卵順番がわかるようマークし，測定する。見回り期間中（5 日）に 2 卵以上が産卵されることがあるが，この場合卵サイズが大きく卵表面が擦れているほうを第 1 卵とする。卵が捕食された場合，数日後に同じつがいが同じ巣に再度産卵することがあり，こうした再産卵は別に記録する。アホウドリ科やペンギン科では，調査者が接近しても親は巣を離れず攻撃する場合があり，その攻撃により卵が割れたり雛が死んだりする危険がある。そのため，親と卵・雛の間に画板などを入れて親を少し持ち上げて，卵・雛を確認あるいは捕獲して計測するとよい。

卵の死亡要因としては，未授精，胚発生中の死亡，捕食，消失，事故（土砂崩れによる埋没など）などがあり，可能な限り記録する。卵が胚発生しているかは，鶏卵で使われるキャンドル装置（卵に強力ライトを当て胚の発生を確認する装置）で調べることができる。見回り時に，卵殻に雛が内側からあけ始めたつつき穴があるか記録する。つつき穴は開いていたが次の見回りで雛が発見できなかった場合は，孵化して消失したとする。見回り間隔内に2羽以上が孵化することがあるが，この場合，羽根が乾いているか体重の重かった雛を先に孵化したとする。孵化した雛には個体識別のため番号付きビニール製カラーリングをつける。番号を巣番号と一致させ，色（赤，水色などが見やすい）で孵化順位を識別するとよい。ウミネコとオオセグロカモメでは A. C. Hughes 社（英国）のサイズ 2FB が便利である。

一定間隔（5日）で雛を捕獲し，リング番号から個体を確認したら，体重をばねばかりで1～5g単位で測定する。その際，餌を吐き戻したら採取し，食性分析に供する（5章）。死体を見つけたら，カラスやオオセグロカモメによる捕食（巣外で発見され食われた跡がある。捕食者のペリット，食い残しや糞にリングがある），ネコによる捕食（頭部が噛み切られているなど），餓死（巣内に死体があり食われた跡がなく体重が大幅に減っている），病気か窒息死（巣内に死体があり明らかに病気である，あるいはのどに食物が詰まっている），事故（巣外に転落した，あるいは土砂に埋没している），なわばり争い（巣外にあり，頭部につつかれた跡があるが食われてはいない），などに分けて記録しておく。

3.4 岩棚営巣種

ここではウミウを例に挙げて説明する。ウミガラス類でも同様の手法を用いることができる。まず，斜め上方からすべての巣の中身を見通せる崖を選び，十分な営巣数（30以上）を含む繁殖成績調査区を設ける。繁殖成績調査区を写真に撮り，スケッチと合わせて巣の地図を作り，巣ごとに番号をつけておくとよい。毎年同じ調査区で調べるが，ウミウの場合繁殖場所を移動することもあるので，再度，調査区を設定する必要が生じる場合もある。岩棚営巣種では巣に接近することが難しいので，卵や雛を捕獲する必要のある測定項目（卵サイ

図 3.4　ウミウの繁殖成績を調べる
崖の営巣場所（調査区）の写真を撮って各巣に番号をつけ，50 m ほど離れた対岸から望遠鏡で観察して，5 日に 1 回巣の中身（卵数や雛数）を記録する。天売島にて。

ズや雛の体重）は接近しやすい別の調査区で調べてもよい。その際は，接近しやすく安全な場所に 10 巣程度の雛体重測定区を設ける。雛体重測定区はできるだけ，全体の繁殖シーズンを代表するような区画に設置する。

繁殖成績調査区において巣作りが始まったら，一定間隔（5 日ごと）で，望遠鏡（三脚に載せた 40 倍程度のスポッテングスコープ。ズームだと便利）を用いて巣の中の卵・雛数を確認する（図 3.4）。抱卵・抱雛期には，親は連続して抱卵・抱雛し続けるので，抱卵・抱雛を交代するために親が立った隙に卵数と雛数を確認する。卵殻が巣の外にある，抱雛に特徴的な姿勢をしている（図 3.5），などで雛が孵化したことを推定できる場合もある。雛の死亡要因も記録する。ウミウの場合，巣立ち近くなると雛が動き回って隣の巣の雛と一緒になることが多い。ウミウでは平均巣立ち日齢は 50 日齢なので，40～45 日齢に達したはずの観察日に消失していた場合，巣立ちと判断する。ウミガラス類では，2 週間齢に達し巣立ち近い雛はよく動き回るようになり，ある日の夕方から夜間にかけて，繁殖崖の下の海面で待っている親と鳴き交わしながら，崖から海面にジャンプして降りるので，これらに注意しながら巣立ちを判断する。

ウミウの雛体重測定区において，半数程度の雛が孵化したころ，個々の雛の

図 3.5　抱雛姿勢をとるヨーロッパヒメウ
岩棚営巣しているので，接近は難しい。抱卵交代などで親が立った時に卵数を確認する。ウミガラスやウの仲間では，卵や雛をもっている時は，このように翼をやや下げた姿勢をとるので，それも参考にして調査を行う。メイ島（スコットランド）にて（撮影：伊藤元裕）。

翼か足に色付きのマジックテープを巻くか色付き足環で個体識別する。色で孵化順位を識別する。雛の体重を5日ごとに，ばねばかり（1.5 あるいは 5 kg）を用いて 10 g 単位で測定する。150 g 以下の雛は孵化後5日以内と見なす。測定は 2 kg までとし，それ以上雛が大きくなったら，撹乱が大きいので調査しない。ウミガラスでは撹乱が大きいので，5日ごとの雛の成長測定は行わず，およその巣立ちの時期に一斉に巣立ちに近い雛を捕獲して，体重と翼長を測定する（3.6 節も参照）。

3.5　巣穴営巣種

ここではウトウを例に説明する。まず，30 巣以上を含む繁殖成績調査固定区を設定し，抱卵期間中（4 月上旬～5 月上旬）に，巣穴に入り口から細枝を持って手を差し入れ，産座の見当をつける。抱卵中の親はこの枝をつつき返してくる。抱卵が終わり，雛の孵化後5日程度までは，親が日中も巣にとどまり抱雛するが，以降は，日中，親は巣にいなくなる。卵が孵化すると卵殻が巣穴の口に出ていることもある。雛の孵化後，産座の上からスコップで腕が入る程度（径 10 cm）の調査用アプローチ穴を掘る。アプローチ穴を掘る際に雛が土に

図 3.6 ウトウ用の巣箱（左）とそれを埋めた調査区（右）
プラスチックかご（35×48×42 cm）を巣室とし，そこまでの通路として，径 13 cm，長さ 70 cm のダクトホースをつける。上面には木の板を張り，プラスチック植木鉢の底を抜いて蓋をつけたものを取りつけてある。ここから手を入れて親を捕獲したり雛を取り出したりする。天売島にて。

埋もれないよう気をつける。アプローチ穴の位置は産座の真上から少しずらすとよい。アプローチ穴の口は根ごとくり抜いたイネ科草本の株などをきつめに入れてふさいでおく。このアプローチホールから雛の出し入れをする。カラスがこれを掘り返して捕食することがあるので，必ず上に石などを載せる。ウトウでは巣箱を多数埋設し（図 3.6），これを利用すると調査が容易である。ほか，オオミズナギドリ，ウミスズメなどでも似たような巣箱が使われている。ウトウの場合，巣箱と自然巣で巣立ち率や雛の成長に差はない（黒木ほか，1998）。

ウトウでは，抱卵中の親を頻繁にいじると巣を放棄することがあるので，なるべく孵化してから調査する。このため，産卵時期を特定することはできないので，繁殖のタイミングとしては孵化日を使う。ウトウでは，50〜90 g の雛を発見した場合は孵化後 5 日以内である。雛が若いうちは，翼長より日齢が推定できる（Takahashi *et al.*, 2001）。その後，5 日ごとに雛の体重をばねばかりを用いて 10 g 単位で量る。雛は 20:00〜22:00 の間に給餌されることが多いので，体重測定は，空胃である可能性が高い 14:00〜17:00 の間に実施するとよい。この調査では孵化成功は計算できないので，卵を確認したものの雛を確認できなかった巣は巣当たり巣立ち雛数の計算には含めない。ウトウでは，雛が40日齢以上生存した場合を巣立ちとし，巣立ちと判断された日の直前に量られた体重を巣立ち体重とする。

夜間巣から出た巣立ち雛は，そのまま歩いて海に向かうので，夜間に巣周辺や海岸で巣立ち雛を手取りで捕獲できる。巣外におり風切羽根が伸びている巣立ち雛30個体について，体重測定と外部計測を行っておく。繁殖成績調査区の雛の巣立ち体重と比べ，偏りがないか確認するためである。

ウトウの場合，親鳥の栄養状態指標（1.5節）の季節・年変化を調べるため，1週間に1回程度，夜間に島に戻る親10個体程度を捕獲し，外部測定をする。繁殖地に接した空き地で撹乱の少ない区画を設定し，そこに着地する個体をたも網や手取りによって捕獲するとよい。

3.6　簡易的手法

海洋島など，繁殖地に頻繁には行けない場合や，岩棚営巣種のように，卵や雛を容易には捕獲できない場合も多い。そうした場合は，少ない調査回数でも役に立つ指標を得る方法がある。たとえば岩棚営巣するウミガラス類では，雛が巣立ち近くなったらまとめて捕獲して，雛の翼長と体重を計測し，その値から栄養状態の指標を得ることができる（Wanless *et al.*, 2005）。海鳥では，体重増加は餌量の影響を強く受けるが，翼の伸長は餌量にあまり左右されないからである（Takenaka *et al.*, 2005など）。年に1〜2回しか繁殖地に行けない場合でも，およその巣立ち時期の頃に調査を実施すれば，この手法が利用できる。若い雛が多い時期に繁殖地を訪れた場合は，雛の外部計測をしておくと日齢のおおまかな推定ができるので，およその繁殖のタイミングがわかる（河野ほか，2013）。

3.7　寿命と移出・移入

鳥類には哺乳類（歯のエナメル質年輪等）や魚類（耳石年輪）とは異なり，年齢を示すよい形質がない。そのため，哺乳類で実施されるような，狩猟された個体の年齢分布を使った生命表に基づく個体群動態研究は行われてこなかった。しかし，海鳥は集団繁殖し繁殖地定着性が強いため，個体群を定義しやすく，多数の巣立ち雛に短期間で足環をつけ個体識別することもできるので，その後の生存率や出生率を直接推定できる。そのため海鳥では，これらのデータから，推移行列を使って年齢別個体数の変化や増加率などを計算することが可能である（Jenouvrier *et al.*, 2012）。

海鳥では，繁殖地でしかその個体の在否を確認できない。繁殖をスキップする場合もあるし，繁殖地に戻っていても見逃す場合もある。ただし，その年見逃されていても，後で発見されたという情報も利用して，見かけの見落とし率（繁殖スキップの割合＋真の見落とし率）を計算することが可能である。繁殖地全体を精査できる場合は，真の見落とし率は0に近いと考えられるので，繁殖スキップの割合を直接測定できるであろう。また，足環の脱落が問題となることもある。これは両方の足に足環をつけて長年追跡し，脱落率を評価する必要がある。

若鳥の初期分散と親鳥の移出・移入率の推定は一般に困難である。海鳥では，巣立った若鳥は生まれた繁殖地に戻って繁殖する例が多く，ほとんどの成鳥は毎年同じ繁殖地で繁殖する。そのため一般には，若鳥の分散と親の移出は無視して海鳥の個体群動態モデルが作られる。しかしながら実際には，若鳥の繁殖前の見かけの死亡率には他の繁殖地への分散が，また，親鳥の見かけの死亡率には，まれではあるが他の繁殖地への移出が，それぞれ含まれている。オアフ島のカエナ岬のコアホウドリでは，この繁殖地出身のすべての雛に足環をつけてある。そのため，足環のない個体を移入個体と仮定できるので，若鳥の移入率を求めることができる。その結果，自身の繁殖地での再生産による加入よりも，他の繁殖地で生まれた若鳥の移入が，このコロニーの個体数の急速な増加に関与している度合が高いことがわかった（Young, 2009）。ツノメドリでは繁殖地間の移出入が比較的頻繁で，複数の繁殖地で雛への足環装着を継続し，成鳥の繁殖地間の移出入を入れた個体群動態モデルが作られている（Breton *et al.*, 2006）。

3.8 調査区および個体バイアス

ある繁殖個体群の平均的な繁殖状況の調査では，いくつかの注意点がある。1つは調査区の場所や数の問題である。海鳥の繁殖成績は繁殖地の中心部よりも周辺部で低い傾向がある（Patterson, 1965; Kazama, 2007）。周辺部では比較的若い個体が繁殖する，捕食にさらされやすい，などのためである。複数の調査区を繁殖地内におよそ均等に設置し，調査区間の変異も求めておくのが望ましい。労力的にそれがかなわない場合は，事前情報を活用し，繁殖のタイミングなどが一般的と思われる場所に固定調査区を設ける。

親鳥の採餌や繁殖能力の個体変異が大きい場合，測定したモニタリング項目の年平均値にバイアスがかかる場合がある。産卵前から産卵期に餌条件が悪化した年には採食能力の劣る個体は繁殖をやめ，高い個体だけが繁殖するためである。上述のウトウ調査においては孵化後からモニタリングするので，孵化に失敗した巣はサンプルに含まれない。そのため，結果として，相対的に能力の高い個体だけをサンプリングしている可能性がある。採食能力の高い親では，産卵前に餌条件が悪い年でも，一腹卵数などの年平均値が小さくならないこともある（Durant *et al.*, 2009）。産卵期の餌条件がよく，育雛期の餌条件が悪かった年には，採食能力の低い親において，産卵はしたものの，雛への給餌が十分でなく，雛が死亡してしまうといったことが想定される。育雛期の早い時期に死亡した雛は，体重増加速度を計算できるほど体重計測が行えない場合が多い。そのため，結果的に得られた体重増加速度は能力の高い親の雛のものばかりとなり，これも，平均体重増加速度に年変化があったとしても検出できない可能性を高める。場合によっては，生き残った雛の平均値だけ見ると，餌条件が悪い年のほうが，体重増加速度が高い場合すらありうるだろう。また一腹卵数が大きいカモメやウの場合は，餌条件が悪い年には同腹の遅く孵化した成長の悪い雛から死んでいく。そのため，生き残った雛の成長速度には年間で差が出づらい。ただし，こうした場合でも巣立ち率は餌利用可能性が低い年のほうが悪くなるであろう。こういった種の特性や測定する項目ごとでバイアスのかかり方に違いがあることに注意する必要がある。この欠点を緩和するため，複数の繁殖項目に関するデータを利用して主成分分析を行い，主成分の得点を総合的繁殖成績の指標とすることもある（Boyd and Murray, 2001）。

Box 3.1

天売島における餌と繁殖タイミングの長期変化

筆者らがモニタリングを継続している北海道天売島で繁殖するウトウを例に，いかに気候変化が海鳥の繁殖成績に影響するかを説明したい（Watanuki *et al*., 2009；図）。カタクチイワシ *Engraulis japonicus* は単位重量当たりのエネルギー価が高く，ウトウにとってよい餌である。そのため，雛に与える主たる餌であるカタクチイワシの季節的利用可能性が，ウトウの雛の巣立ちを左右する。ウトウは地面に深さ 1～2 m の巣穴を掘り，4 月に 1 卵産卵する。20 年に及ぶ研究によると，春先の気温が低くて雪が多い年には，地面が凍っていて巣穴を掘りづらいため，本種の産卵は，年によっては 1 カ月近く遅れた。カタクチイワシは北海道沿岸では海表面温度が 12～15℃ の海域に分布する。13℃ の等温線が季節とともに日本海沿岸を北上し，天売島からウトウが日帰りできる最大採食範囲（150～200 km）に達した頃に，ウトウは餌をカタクチイワシに切り替え，その切り替えタイミングは対馬暖流の流量が大きい年ほど早かった。つまり，春先の気温が高い年にウトウは繁殖を早く始めるが，その年に対馬暖流が弱いと，カタクチイワシの来遊が遅れると考えられた。そういった年には，餌中のカタクチイワシの比率が小さくなるため，雛の成長速度が低下し，巣立ち率も低下した。

このような，天売島でのウトウの繁殖タイミングとカタクチイワシの来遊時期のミスマッチが起こるのは，ウトウの産卵日を決める春先の気温と，カタクチイワシ

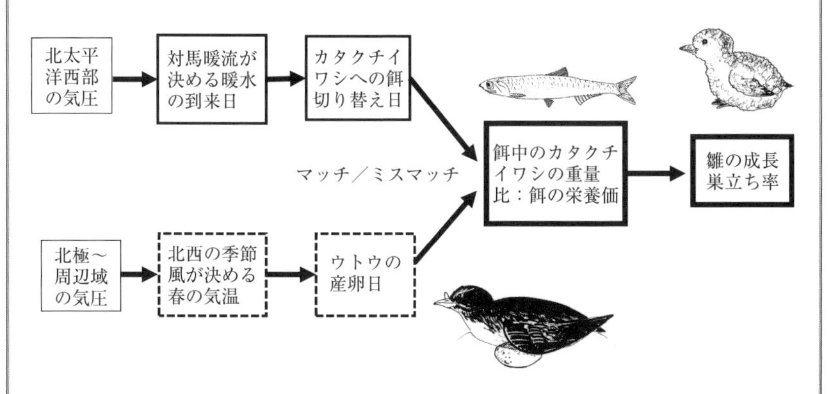

図　天売島のウトウの雛の成長と巣立ち率の年変化に影響する環境要因
ウトウの繁殖のタイミングとカタクチイワシが周辺海域まで分布を広げるタイミングのマッチングが繁殖成績を決める。

への切り替え日を決める 13℃ 等温線の到来日の間に密接な関連性がないためである。天売島の春の気温と北半球の各場所の気圧との相関分析を行ったところ，春の北極圏の気圧が低く，その南方周辺の気圧が高い年には，天売島の春の気温が高い傾向があることがわかった。これは，この気圧配置だと日本では冬の季節風が弱くなり，春先の気温が高くなるためである。一方，冬の西部北太平洋の気圧が高い年には，天売島のウトウの採食圏内に暖かい水が到来する日が早い傾向があった。その理由は，この気圧配置によって，対馬暖流が駆動されやすくなるためである。つまり，春の気温と対馬暖流流量という 2 つの地域的気候要因が，それぞれ異なる気圧配置によって影響を受けるために，これらの間には密接な相関がない。その結果，天売島で繁殖するウトウの繁殖時期とウトウにとって好適な餌が利用できるようになる時期とのミスマッチが生じていたのである。

第4章　採食トリップ時間と給餌速度

4.1　はじめに

餌資源量が低下すると，まず海鳥は採食努力を上げてこれに対応しようとする。**採食トリップ時間**（採食のために繁殖地を離れてから戻るまでの時間や日数）や**給餌頻度**，および1回の給餌量（**餌荷重**，5章）は，繁殖地で測定できる採食努力や雛への投資に関連したモニタリング項目である。一般に，採食トリップ時間は採食場所までの距離に比例する（Weimerskirch, 2007）ので，繁殖地周辺の餌資源量が減少し，遠くまで採食に行かないといけない年には採食トリップ時間も長くなるだろう。その結果として給餌頻度が低下し，もし餌荷重が大きく変わらなければ，雛への給餌速度（給餌頻度に餌荷重を乗じた値，1日当たりの総給餌重量）が低下し，雛の成長速度や巣立ち率が悪くなる。餌資源が減少すると，1回の給餌量，すなわち餌荷重も下がるかもしれない。ここでは海鳥でよく観察されており，しかも海洋生態系変化と直接関連しそうな項目である，採食トリップ時間，給餌頻度や給餌量の測定方法を紹介する。

4.2　観察方法とデータ化

採食トリップ時間を測るためには，海鳥の行動に影響を与えない距離から，双眼鏡や望遠鏡で巣への親の出入りを観察する。観察距離は，ペンギン科やアホウドリ科では10 m程度離れたほうがよい。姿勢を低くし体を動かさないなどの工夫によって，小型のカモメ科，たとえばウミネコなどでは数mの距離から，繁殖行動に大きな影響を与えることなく観察できる。大型カモメ科では，30 mくらい離れていても警戒声を発するので，十分距離をとる必要がある。ウ科では一般に50 m以上距離をとる。30 m以上離れた位置から観察する場合は，40倍程度でズームできる望遠鏡に重い三脚をつけたものを使って観察するのがよい（図3.4参照）。近くから裸眼で多数個体を同時に観察する必要があれば，ブラインドを使う。ウミネコなどの地上営巣性種を平地で観察する場合は，高さ2mくらいのやぐらを組んで，その上にブラインドを設置すると，5～6mの距離から10ペア程度を同時に観察できる。他の野生動物と同じく，海鳥も人間の目にはよく反応するので，のぞき窓には網をかけておくと外から見えづらい。

行動観察で最も大事なのは予備観察である。繁殖地での海鳥の行動にはさまざまなレパートリーがある。行動のレパートリーを知り，これを類型化して記録する必要がある。類型化のためには，長時間予備観察し，その種または近縁種の文献中の行動記載と対応させる。カモメ類の求愛行動やなわばり防衛行動，餌乞い・給餌行動は，ティンバーゲンによる研究など古くからよく知られている。また，数量化のための観察手法を選ぶ必要がある。これら事前情報や予備観察をもとに，測定対象とする行動をイベントとして捉えるべきか，継続行動と捉えその継続時間を測るべきかを決める。

観察法には，連続観察して記録をとる（**連続記録法**）場合と，一定時間ごとにその瞬間の行動を記録する手法（**スキャン法**）がある（マーチン&ベイトソン，1990）。連続記録法は特定個体の行動を連続観察して，たとえば攻撃の開始と終了時刻，給餌した時刻などを記録する。連続記録法では，識別した個体を連続観察するため，一度に観察できるのは少数個体である。スキャン法は，親が巣にいたかや，雛が日向にいたか日陰にいたかなどを，15分おきに観察対象すべての個体について記録する。スキャン法では，持続時間のある，たとえば抱卵行動は多数個体について記録できるが，瞬間的なイベント，給餌や攻撃あるいは瞬間的に翼を広げるディスプレイなど，1時間に1～2回それぞれ1～2秒しかかからない行動は記録できない，といった弱点もある。目的とする行動に合わせて観察方法を決める必要がある。

観察開始と終了の時刻をどう選ぶかも検討しなければならない。もし，対象とする行動に日周性があって，日周性に興味があるなら，どの時刻帯も均等な観察時間になるようにする。日周性には興味がなく，個体変異に興味があるなら，その行動が出現する頻度が大きい時刻帯に観察するのが効率的である。対象とする行動の日周性がわかっていない段階で，観察時刻を決められないなら，観察時刻帯をランダム化して毎日観察するのがよいだろう。たとえば，ある調査地で観察区を12カ所設定し，毎日各観察区において1時間だけ観察するならば，観察開始時刻は毎正時とし，観察の前日に，各々の観察区の観察開始時刻をランダムに（重複を許さず）選ぶ，といった方法をとることができる。この場合，観察区の特性（植生など）の効果に興味がなければ，観察区は変量変数（ランダム効果）として扱い，営巣地植生が違っていて，その効果に興味があれば説明変数（固定効果）として扱うことができる。観察区内の個体を個体識別しておけば，個体を変量変数として扱うことができる。連続観察法を選んだ場合，1回に1個体しか観察できないこともあるが，その場合は，観察区の対象個体の中から1個体を無作為に選ぶ。これらは個体に対して繰り返しのあるデータで，繰り返しには日付や観察時刻帯を用いる。

4.3　トリップ時間の測定

採食トリップ時間（以後，トリップ時間と呼ぶ）は，巣を出てから戻ってくるまでの時間であり，採食場所までの距離などを反映する。その測定は，連続記録法もしくはスキャン法，いずれの手法もとりうる。連続記録法の場合は，親の出入りというイベントを連続観察で記録する。スキャン法の場合は，巣での滞在という継続時間のある行動を15分ごとのスキャンで記録する。後者は時間分解能が落ちるが，20巣程度を同時に観察できるという利点がある。海鳥では普通，トリップ時間は数時間～数日であり，15分の時間分解能でも十分である。

筆者らが行っているウミウでのトリップ時間の連続記録法による測定を例にとろう。繁殖成績モニタリング区から観察する巣を10～20巣，事前に抽出する。この時，頭から首にかけての白い部分や飾り羽根の大きさには個体差があるので，これらに気をつけて，抽出した各巣の雌雄を識別できるようにスケッチしておく。ウミウの場合，体が大きいほうをオス，小さいほうをメスとする。ウミネコなど羽根に白い部分が多い種では，体についた汚れもごく短期間なら個体識別に使える。ウミウの場合，3:00までに観察区に到着しておき，日の出前（3:00〜4:00）から日没後（19:00〜20:00）まで，各巣の各個体について出巣，帰巣，給餌，抱雛交替などを行った時刻を記録する。その結果から，各観察日ごと，個体ごとにトリップ時間を求める。観察は育雛期間中に最低3日は行う。各々の個体について平均値を求め，観察個体全体での平均をその年の代表値とする。

観察によってトリップ時間を測る場合は，その最長連続時間より十分に長い時間観察する必要がある。そうしないと，長いトリップのデータが選択的に抜け落ちるからである。ウミウの場合は日の出から日没までの観察で最長トリップ時間をカバーできるが，アデリーペンギンなどのようにトリップ時間が長い（最大3日）場合は，5日程度の観察時間を設定する（CCAMLR, 1991）。一方，採食トリップ長を求めるのに十分な観察時間がとれない場合は，採食時間を巣にいなかった時間割合で示すことができる。1日1回，6時間などと観察時間を決め，先に述べた方法で観察時刻帯を設定し，対象個体をたとえば15分ごとにスキャンし，巣の不在時間比としてデータ化できる。攻撃行動などのイベントについては，観察のためにより集中力が必要になるので，1回2時間，10巣を観察するなどとする。観察時間や個体数をどのように測定すれば，採食努力量のモニタリングとして十分な精度で採食時間比を得られるかについて，十分な議論はなされていない。

多数個体のトリップ時間を自動的に得る方法もある。筆者らがアデリーペンギンで行った例を紹介する。これは，原理的にはスキャン法である。VHF電波発信機（6章）を親につけて，自動記録装置のついた受信機（RX-900，テルビルト社）を繁殖地の脇に設置し，個体識別信号を4分おきにスキャンさせ，コロニーでの在否を自動記録することによって，多数個体のトリップ時間のデータを全繁殖期にわたり得ることができた（Watanuki *et al.*, 2010）。その際，コロニー内に入った時にだけ受信，記録されるように発信機の出力と受信機の感度を調整しておく必要がある。また，アデリーペンギンでは，1章で述べた個体識別用トランスポンダを埋め込み，コロニー周辺を低い金網で囲ってペンギンが出入りできるゲートを2〜3カ所設け，そこに受信アンテナを設置して，コロニーへの出入りを個体ごとに記録するシステムによってトリップ時間が得られている（Kerry *et al.*, 1993）。このシステムによるトリップ時間測定は原理的には連続記録法である。

4.4 給餌速度の測定

両親による1日当たり給餌量，すなわち給餌速度は，1日の給餌頻度と餌荷重（1回の給餌量）の積であり，採食行動と雛の成長や，巣立ち成功を関連づける重要なモニタリング項目である。給餌頻度はトリップ時間から計算することができる。餌荷重については，ウトウでは雛にやる餌を嘴にくわえてくるので，これを採取すれば容易に測ることができる（5章）。一方，胃に餌を入れて持ち帰るペンギン目やミズナギドリ目などでは，胃洗浄法（5章）によって胃内容物を全量採取することで餌荷重を測定することができる。

餌荷重と給餌頻度を測る他の手法として，雛の体重を連続測定する方法がある。カモメ科やウ科のように，地上営巣種や岩棚営巣種では，電子天秤の上に巣を載せ，抱卵中巣に座っている親鳥あるいは育雛期では雛の体重に巣の重量を合わせた重量を連続して測定し，その変化から餌荷重や給餌時刻を測定する。アホウドリ科の場合，雛は巣をまったく離れないので，巣の下に穴を掘ってそこに電子天秤を設置し，その上にプラスチック製の疑似巣を載せて雛を座らせる（Prince and Walton, 1984）。この装置で重量を連続測定すると，雛が餌をもらうとその分体重が増え，その後，消化・排泄で体重が減っていくので，給餌量を直接測定することができる。セグロカモメでも同様のシステムを使って，抱卵中の親の体重減少と，餌をとりに出ている間の体重増加が測定された（Sibly and McCleery, 1980）。

巣穴営巣性のオオミズナギドリでも，ウトウと同じようなプラスチック製の巣箱と体重計を使って餌荷重を量ることができる（図4.1）。巣箱を電子天秤に載せ，それを，ひと回り大きなプラスチックの箱に入れる。オオミズナギドリの親は，巣箱の中に入って雛に給餌する。そのため，このシステムでは親，雛と巣箱の合計の重さを連続測定することになるが，給餌後親が巣箱を出た時の全体の重さの変化から給餌量がわかる（Ochi *et al.*, 2010）。また，親が巣箱に入った時の重量増加が給餌前の親の体重である。そこから給餌量を引けば，親の空胃体重もわかる。さらに，親の足環に小さな棒磁石をつけ（図4.1），巣穴の

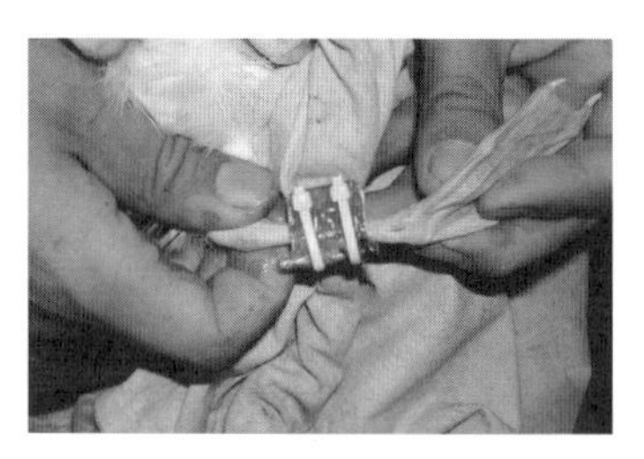

図 4.1　オオミズナギドリの二重の巣箱

小さな巣箱の下には電子天秤を設置し，それを大きなプラスチックの箱に入れて埋設する（左）。ダクトホースをつけて通路にする。プラスチック足環に強力棒磁石をつけて親に装着する（右）。巣穴の入り口に電磁センサーをつけ，親が入った時の電磁波の変化を記録する。棒磁石の磁極を逆につけることで両親を識別する。このシステムで，親の帰巣と給餌量，親の体重と雛の体重を自動記録できる。御蔵島にて。

入り口に磁場の変化を記録する2つのセンサー（電磁コイル）を設置すれば，親鳥の出入りも記録できる。この2つのセンサーは5 cmほど離してつけ，その磁場変化の順番から，親が巣箱に入ったのか巣箱から出ていったのかがわかる。また，オスとメスで足環につけた磁石の極を逆にすると，個体識別ができる。ペンギン科では，育雛期には親は巣に座らないので，先に述べた繁殖地を囲うシステムを使って，ゲートに電子天秤を設置し，その上を歩く時の体重を量る方法がとられている（Kerry *et al.*, 1993）。ただし，その研究では，ゲートを歩いている時の体重を正確に量るのは困難だったようで，個体別体重としては利用されず，コロニーを出て行った時と帰ってくる時の体重の変化をコロニー全体で平均し，その値から平均的な給餌量を推定することで給餌量の季節変化や年変化が分析されている。

こうした自動体重測定システムは手間も費用もかかるし，適用できる種類は限られている。より簡便な代替手法としては，毎日1回，一定時刻に雛の体重を量り，その変化から雛ごとに給餌速度を推定する手法がある。雛が食べた餌は代謝と体組織の合成（成長）の両方に使われることから，代謝量を決める最も重要な要因である雛の体重および体組織の合成量の指標である1日の体重増加から給餌量を推定するというものである。この場合，雛の体重増加は体組織としての増加分であって，胃に餌が入ったことによる体重増加分を含んではいけない。そのため，空胃時体重，つまり給餌される直前の体重に関して1日での増加分を知る必要がある。1～2回夜間にしか給餌されない夜行性のミズナギドリ科，ウミツバメ科，ウトウなどであれば，夕方に雛の体重を量ればよい。給餌がいつ行われるかわからないペンギン科などでは，少し粗い推定となるが，5日間毎日体重測定した時の1日当たりの平均体重増加速度が空胃体重の日間増加の代わりに使える。代謝速度は雛の体重だけではなく気温にも依存するし，体重増加分は単純な1日の成長量だけでなく，どの組織の増加の結果なのかにも依存する。後者については，たとえば育雛後半には翼の伸長に多くのエネルギーが投資されるので，採食量から代謝に回された分を引いた量が同じであっても，体重増加速度は育雛前半に比べ下がる。そのため，これにさらに成熟段階の指標となる日齢も独立変数に入れて，1日の給餌量との関係を表す式を作成する。

こうした体重，体重増加，日齢から1日当たり給餌量を推定する式を求めるためには，あらかじめ，給餌量とこれらの変数の間の関係を知る必要がある。そのためには，2～3日の精密測定期間を設け，その間だけ，先に紹介した雛の体重を連続測定する装置を使うか，あるいは，3時間おきに体重を量り，3時間に予想される消化・吸収，排泄などによる体重減少とその間の実際の体重増加から給餌量を見積もり，1日の給餌量を求めておく。その後で，1日の給餌量（*SUM*）をその日の初期体重（M），体重増加（G），日齢（A）から説明する以下の式を作る。

$$\mathrm{SUM} = a + bM + cG + dA \tag{4.1}$$

一般的には代謝速度は体重の4分の3乗に比例するが，成長中の海鳥の雛の場合ほぼ体重比例するとする報告もある（Culik, 1994）ので，ここではMに関して1次の式としている。モデルの当てはまりがよければ毎日一定時刻に体重を量ることで，1日の給餌量，すなわち平均的給餌速度を推定できる（Watanuki *et al*., 1994；井上ほか，2009）。

Box 4.1

カモメ類のクラッチサイズ操作実験

海鳥では，実験的に餌要求量を変化させた場合，親が繁殖への投資をどう変えるか調べる研究が数多く行われてきた。こうした実験には，最終卵産卵直後に卵を1つ抜き取るとこれを産み足すという補充産卵習性を利用して，余計に1卵産ませ，もともとの一腹卵数（クラッチサイズ）にする「産卵コスト増加実験」（Monaghan *et al.*, 1998），抱卵開始と同時に1卵を加える，あるいは減らす「抱卵数増加・減少実験」（Niizuma *et al.*, 2005），親は雛が小さい（孵化直後など）場合他の巣の雛と識別しないことを利用して，その巣の雛の孵化と同時に他の巣から孵化直後の雛を持ってきて加えてやる「雛数増加実験」（井関・綿貫，2002），他の巣の大きな雛と交換する（Anderson *et al.*, 1995），雛に一定量人工給餌する（Hamer and Hill, 1994），一時的に片親を隔離するあるいは負荷をかける（Takahashi *et al.*, 1999）といった「餌要求量操作実験」などがある。

筆者らが行ったカモメ属2種での実験を紹介しよう（綿貫，2002）。日本には2種のカモメ属が繁殖する。ウミネコとオオセグロカモメである。そのクラッチサイズの最頻値はそれぞれ2と3である（図）。雛数をそれぞれ3と4と増やす実験をしたところ，増やしたつがい（雛増加つがい）はいずれもコントロールより多くの雛

図　ウミネコのクラッチサイズ操作実験
ウミネコでは一腹卵数操作実験を容易に実施できる。ウミネコのクラッチサイズは通常2卵であるが，1卵加えても気にしないで育てる。孵化直後の雛であれば自分の雛とよその雛と識別しないので，雛をつけ加えることもできる。こうした野外実験結果はそれぞれの目的があるが，モニタリング調査結果を解釈する際にも役に立つ。利尻島にて。

を巣立たすことができた。ただし，条件によってその程度には差があった。ウミネコでは雨が多かった年には雛の死亡率が高く，雛増加つがいの巣立ち雛数はコントロールと差がなかった（井関・綿貫，2002)。雛数が多いと悪天候に対して雛を十分保護できないのが理由だと考えられる。オオセグロカモメでは，金網で個々の巣を囲ってなわばり争いによる雛の死亡を防いだところ，雛数増加つがいで最も巣立ち数が多くなったが，雛の成長速度は低下した。たくさんの雛が生き残ったため十分な量を給餌できなかったためだろう。さらに，新妻ら（Niizuma *et al*., 2005）は，ウミネコでもオオセグロカモメでも抱卵斑は3つなので，より多くの卵を産まないのはうまく卵を抱けないからではないかと考えた。偽卵に入れた温度ロガーやサーミスターで卵温度を自動測定し，卵増加つがいとコントロールで比較した。その結果，抱卵斑数より1つ多いクラッチ（つまり両種において4卵）を抱かせた場合，1つの卵の温度がかなり低下し，孵化までの日数も長くなった。

雛数増加実験は餌要求量を増やす実験であり，親がそれに対してどう反応するかを見ようとするものである。餌要求量増加実験に対して，親がそれに応じるために採食努力量を増やすのか，それとも努力量は変えず自らのエネルギー蓄積を減らしてでも雛に餌をやり続けるかを調べることは，モニタリングにおいて，餌の利用可能性が低下した年の親鳥の反応を理解する際の参考になるだろう。一般には，餌の利用可能性が低下した場合，親鳥はある限界値以上に自分の体重を減らすよりは，雛への給餌量を減らして繁殖成績を下げることを選ぶようである（綿貫，2010)。

第5章 食性調査

5.1 はじめに

海鳥が何を食べているか，複数の調査地で長期的に調べることによって，海洋生態系変化の時間的・空間的変化の兆候を知ることができる。海鳥の餌は大きく分けると，ミリメートルサイズで遊泳力の弱い動物プランクトン（主にカイアシ類，図5.1）や魚卵，センチメートルサイズで遊泳力があるマイクロネクトン（オキアミ，ハダカイワシ，イカ稚仔など），10センチメートルサイズのネクトンである表層や中層に生活する多穫性浮魚（イワシ類，サンマなどいわゆる青魚）やイカ，海底に生活する底魚（カレイ，メバルやギンポなど），海岸の浅瀬にいる軟体動物やヒトデなどの潮間帯の生物である。このように，海鳥は多様な海洋生物を食べているので，彼らの餌を調べることによって，漁獲対象でない海洋生物についても情報を得ることができる。

海鳥の種類によって，採食方法，食べている餌の種類とその幅は異なる（表5.1）。ペンギン科は，さまざまな深さまで羽ばたき潜水してオキアミや魚類を食べる（図5.2）。アホウドリ科は海表面で，いろいろな種類のイカ類を拾い食いする。ミズナギドリ科やウミツバメ科は，海表面で，あるいは浅い潜水をして，イカ，多獲性浮魚，ハダカイワシ類，オキアミ類，カイアシ類を食べる。ウミウは沿岸域で海底まで足こぎ潜水してカレイやカジカ，ギンポ類といったさまざまな底魚を食べるが，カタクチイワシなど表層性の多獲性浮魚が利用できる場合は，10〜20 m の浅い潜水をしてこれらも利用する。ウミガラスはより外洋性で，餌のレパートリーが少なく，50〜60 m までの深い羽ばたき潜水をしてイカナゴやギンポを食べる。ウトウは20〜30 m の深度まで羽ばたき潜水をして，表層にいるイカナゴ，イワシ類，およびホッケやサケの幼魚といった幅広い種の浮魚を食べる。シロカツオドリは空中突入して表層10 m までの魚

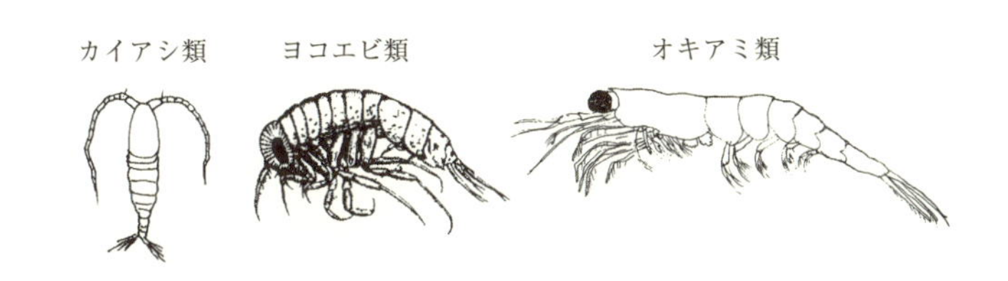

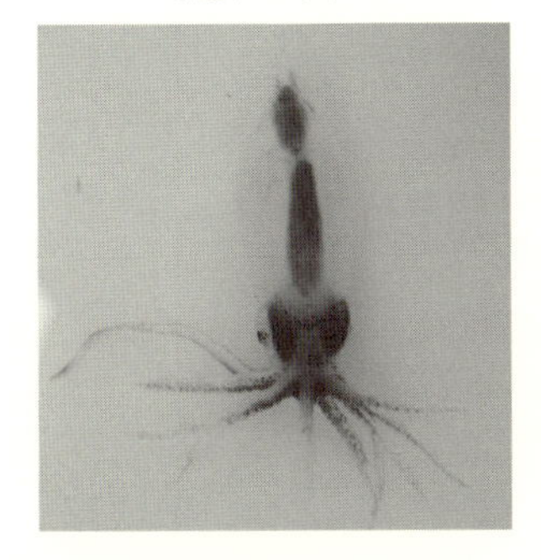

図 5.1 海鳥の主な餌生物

動物プランクトンのカイアシ類体長は 1～3 mm 程度であるが，小型ウミスズメ科やウミツバメ科の主たる餌となっている。ヨコエビ類の多くの体長はせいぜい数 mm であるが，センチメートルクラスの大型種も海鳥の餌となる場合がある。オキアミ類は体長数 cm に達し，ペンギン科のほかさまざまな種類の海鳥類の重要な餌生物である。イカナゴ，イワシ類，ニシン類やホッケ，スケトウダラなどの幼魚といった集群性の小型魚類は，海鳥の最も重要な餌である。

を食べるが，その範囲にいる群れなす種であれば，シシャモ，イカナゴ，サバ，サケ幼魚，イカなど何でも食べる。ミツユビカモメ，ウミネコやアジサシ類は海表面でついばみ採食，あるいは空中から海表面の餌生物を狙ってついばみ採食し，餌の種類はイカナゴなどかなり限定される。

こうした種類のうち，ウミウ，シロカツオドリ，ウトウなど日和見主義的な（opportunistic）種（表 5.1）をモニタリングする場合は，餌の変化を調べれば，繁殖地周辺海域にいる多獲性浮魚の種類変化がわかるだろうし（Hatch and Sanger, 1992; Montevecchi *et al.*, 1988; Montevecchi, 2007），アデリーペンギン，ウミガラス，ミツユビカモメなど餌選択範囲の狭い種の餌を調べる場合は，餌種が変わらないことを確認し，同時に，巣立ち率を調べれば，巣立ち率の変化からその餌種の資源量の変化を推定できる（Boyd and Murray, 2001；3 章）。

表 5.1　餌の長期モニタリングが行われている海鳥種の繁殖期における主たる餌と採食方法（図 5.2）および利用海域

種	食性	主たる餌種	採食方法	利用海域
オウサマペンギン	魚食性	ハダカイワシ	羽ばたき潜水	外洋
アデリーペンギン	マイクロネクトン食性	オキアミ	羽ばたき潜水	沿岸～外洋
フンボルトペンギン	魚食性	多獲性浮魚（イワシなど）	羽ばたき潜水	沿岸～外洋
ワタリアホウドリ	イカ食性	イカ	表面ついばみ	外洋
フルマカモメ	魚食性（広食性）	イカ，多獲性浮魚，ヨコエビ	表面ついばみ	外洋
マダラフルマカモメ	魚食性（広食性）	多獲性浮魚	表面ついばみ	外洋
ハシボソミズナギドリ	マイクロネクトン食性	オキアミ	表面ついばみ・羽ばたき潜水	外洋
コシジロウミツバメ	マイクロネクトン食性	カイアシ，オキアミ，ハダカイワシ	表面ついばみ	沿岸～外洋
ウミガラス	魚食性（狭食性）	多獲性浮魚（イカナゴ），ギンポ	羽ばたき潜水	沿岸～外洋
ウトウ	魚食性（広食性）	多獲性浮魚（イカナゴ，イワシ，シシャモなど）	羽ばたき潜水	沿岸～外洋
ヒメウミスズメ	プランクトン食性	カイアシ	羽ばたき潜水	外洋
アメリカウミスズメ	プランクトン食性	カイアシ，オキアミ	羽ばたき潜水	沿岸～外洋
ミツユビカモメ	魚食性	多獲性浮魚，ハダカイワシ	表面ついばみ・空中ついばみ	沿岸～外洋
セグロカモメ	雑食性	多獲性浮魚，投棄魚，潮間帯の無脊椎動物	表面ついばみ・拾い食い	沿岸
シロカツオドリ	魚食性（広食性）	多獲性浮魚（イカナゴ，サケ，シシャモなど），イカ	表面ついばみ・空中突入	沿岸～外洋
ヨーロッパヒメウ	魚食性（狭食性）	多獲性浮魚（イカナゴ），ギンポ	足こぎ潜水	沿岸
ウミウ	魚食性（広食性）	底魚（カレイ，メバル，ホッケなど），多獲性浮魚（イワシ，イカナゴ）	足こぎ潜水	沿岸

図 5.2 海鳥の採食行動のタイプ
Ashmole（1971）による。

また，ニシツノメドリのように，雛のために餌をくわえてくる種類では，その餌を採取し，餌である魚の体長の季節・年変化からその魚の孵化時期や成長速度の年変化を推定することもできる（Wanless *et al.*, 2004）。

海鳥の餌を調べるには，1）ペリットを分析する，2）雛に与えるために嘴にくわえてきた餌を採取する，3）胃内容物を採取する，4）餌が消化され体組織に転換される時に組織に残る化学マーカーを分析するといった4つの方法がある。哺乳類では，食性調査のために糞分析も行われるが，魚が主食である海鳥では消化率が高く，糞中の未消化物から餌を判断するのは難しいので，糞分析はあまり行われていない。この章ではこれらの4つの手法を紹介するとともにその問題点についても述べる。また食性調査の結果を利用して，捕食量を推定する手法についても紹介する。

5.2 ペリット

トウゾクカモメ科，カモメ科，ウ科は，魚を食べた時にその骨など未消化物をまとめて吐き出す。アホウドリ科の雛も巣立ち前にまとめて未消化物を吐き出すことがある。これが**ペリット**である。巣のまわりやカモメ科などがよく休んでいる港の防波堤などでペリットを採取する。複数種が利用している場所で採取した場合はよく観察し，ペリットを出した海鳥の種類を判定しておく必要がある。カラス類もペリットを出すので注意する。採取したペリットをほぐして未消化物から餌生物を推定する。ペリットからは，魚類の耳石，コイ科魚類の咽頭骨やイカの口器（いわゆるカラストンビ）などの残渣が出てくる。これらは種ごとに特徴があり，餌種の同定に役立つ。一般に，採取したペリットのうちその餌生物種の残渣が出現した割合（**出現率**）を計算し，その餌生物種の重要度の指標とする（5.6 節も参照）。

5.3 雛に与える餌

海鳥は，餌を嘴にくわえるか前胃（図 1.18 を参照）に入れるかして雛に運ぶ。ウミスズメ科の一部とアジサシ類は魚をくわえてきて雛に与えるので，その親鳥を捕獲して，くわえていた餌をすべて採取する（図 5.3）。こうして得た餌は消化されていないので，容易に餌生物の種類を同定し，そのサイズを測ることができる。ここではウトウを例に挙げて，サンプリング方法と分析方法を説明する。3 章で述べたように，繁殖地に接した空き地をサンプリング区画とし，餌をくわえて着地した親をたも網で捕獲し，すべての魚を採取する。親鳥 1 個体がくわえていた餌を合わせたものを 1 サンプルとし，1 サンプルに含まれるすべての餌個体を同定・計測する。このサンプルの全湿重量（0.1 g 単位）が**餌荷重**に相当する。魚は個体ごとに湿重量と尾叉長あるいは全長を 1 mm 単位で測定する。現場での同定が困難な場合は，計測後 3～5% の中性ホルマリンで固定し，後で同定する。この時 99% エタノールで固定しておけば DNA

図 5.3 イカナゴを嘴にくわえて帰ってきたニシツノメドリ
ウミスズメ科では，雛に給餌するために嘴にくわえてくる餌は採取しやすく分析も容易であり，餌モニタリングでよく利用されている。メイ島（スコットランド）にて。

による種判定に役立てることもできる。種が判別できた魚の一部から耳石を採取しておくと，胃内容物から出た耳石から種を同定する際に役立てることができる。耳石の年輪から魚の年齢査定ができるが，魚のサイズだけでも魚の齢クラスがわかることがある。たとえば，天売島においてイカナゴでは尾叉長 40～110 mm が 0 歳，それ以上が 1 歳以上，ホッケでは尾叉長 180 mm 以下が 0 歳である。くわえていた魚が頭部だけ，腹部だけの場合は，カモメ類などに餌略奪を受けた場合であり，記録しておくとよい。日中餌をくわえて帰巣する巣穴営巣性のニシツノメドリでは，カスミ網で捕獲して餌を採取する（図 5.3，図 1.1 も参照）。

餌をくわえてくる海鳥種でも，岩棚営巣のウミガラスや崖の岩間隙営巣のケイマフリを捕獲することは難しく，餌を採取して分析するのは困難である。その場合は，親鳥がくわえてくる餌の種類とサイズを目視で観察する。魚のサイズは，観察している種の平均嘴峰長を物差しとして推定するとよい。

ヒメウミスズメやアメリカウミスズメなど，プランクトン食性の小型ウミスズメ類では，のどぶくろ（gullar pouch）に大型動物プランクトンやオキアミなどを入れて雛のために持ち帰る。捕獲するとこれらの餌を吐き出すので，それをサンプリングする。

ペンギン目，ミズナギドリ目，ペリカン目，カツオドリ目（ウ科，カツオドリ科），カモメ類といった多くの種類では，餌を前胃に入れて持ち帰る。このうち，カモメ類，ウ科，ミズナギドリ目では，親や雛は捕獲されると胃内容物を吐き出す場合があり，ウミウでは，親を捕獲した場合，胃内にあるほとんどすべての餌（重量で95% 以上）を吐き戻す。これら吐き戻した餌を分析する。また，カモメ類は餌を吐き戻して雛に与えるので，望遠鏡による目視観察でも巣に落とした餌を判定できる場合がある。

5.4　胃内容物の採取

前胃（図1.18参照）に餌を入れて雛のために持ち帰る海鳥種で，かつ捕獲しても餌を吐き戻さないペンギン科や中型ミズナギドリ科では，**胃洗浄法**によって前胃の内容物を吐かせてサンプリングする方法が広く利用されている。まず，繁殖地に戻って，雛に餌を与える直前の親を捕獲する。捕獲した親の口から径1～1.5 cm の柔らかいプラスチックチューブを差し込み，30℃ くらいに温めた真水または海水をじょうごで注ぎ入れる（図5.4左）。口から水があふれ始めたらチューブを引き抜いて，鳥を逆さまにして頭をバケツに入れ，口を指で開きながら下腹部を圧迫し餌を吐き出させる（図5.4右）。餌がのどに詰ま

図5.4　胃洗浄法による胃内容物の採取
胃洗浄法によってウトウの親から胃内容物を採取する。ウトウも雛のために嘴に餌をくわえて帰ってくるが，親自身が消化吸収する餌を知るには胃内容を調べる必要がある。径1 cm，長さ60 cm の柔らかいプラスチックチューブにじょうごをつけ，そこから温めた海水を飲ませる（左）。逆さにして下腹部を押すことで胃内容物を吐き出させる（右）。天売島にて。

らないよう時々しごく。これを何回か繰り返すと前胃の内容物はほとんど出る。ただし，この手法では後胃（図 1.18 も参照）の内容物は採取できない。その後，目合い 0.1〜1 mm の網地や篩（ふるい）で濾し，固形物だけを 3〜5% の中性ホルマリンや 99% エタノールで固定する。この胃洗浄法は，ペンギン科，中型ミズナギドリ科ではよく使われ，近年ウミガラスやウトウでも親が海上で食べた餌を調べる目的で使われている。コシジロウミツバメなど小型海鳥の場合は注射器にチューブにつけ，これを前胃に挿入し，ポンプを使って内容物を吸い上げる方法もとられる（**胃ポンプ法**；Wilson, 1984）。胃ポンプ法では大きな餌は出てこないが，それでも餌タイプ別の**出現率**（後述）は偏りなく測定できる（Niizuma *et al.*, 2008）。胃洗浄法や胃ポンプ法で得た餌も，後に述べる前胃の内容物分析と同様の方法で分析する。胃洗浄法による餌の採取が，親の行動や雛の成長へ与える影響はほとんどないとされている。ただし，胃洗浄法を使ったことによって，その親の給餌回数を 1 回減らすことになるので，1 繁殖シーズンに 1 個体につき 2 回以上胃洗浄法を使ってはいけない。

海鳥を狩猟することが許可される国では，海上にいる海鳥を散弾銃によって撃ち落とし，その胃内容物が分析されている。また，流し刺網や延縄などによって混獲された海鳥の死体の胃内容物もよく使われる。海鳥の混獲は，極めて残念であるが，特に，非繁殖期のサンプルを手に入れる，ほぼ唯一の貴重な機会である。

5.5　胃内容分析

死体が入手できた場合は，解剖して胃袋を取り出し，胃内容物の分析を行う。鳥類の胃は**前胃**と**後胃**（砂のう）に分かれている（図 1.18 参照）。前胃には魚やオキアミなどソフトな部分が残っており，胃洗浄法や胃ポンプ法で採取できるのはこの部分である。一方，後胃は厚い筋肉でできており，小石が入っていることが多く，イカの口器や目のレンズ，あるいは飲み込んだプラスチックなど消化されづらい硬い部位が出てくる（図 5.5，口絵 3）。前胃の内容物は胃洗浄法で採取した他のサンプルと比較できるので，前胃と後胃の内容物は分けて分析する。具体的には，まず，前胃と後胃をはさみで切断し，それぞれシャー

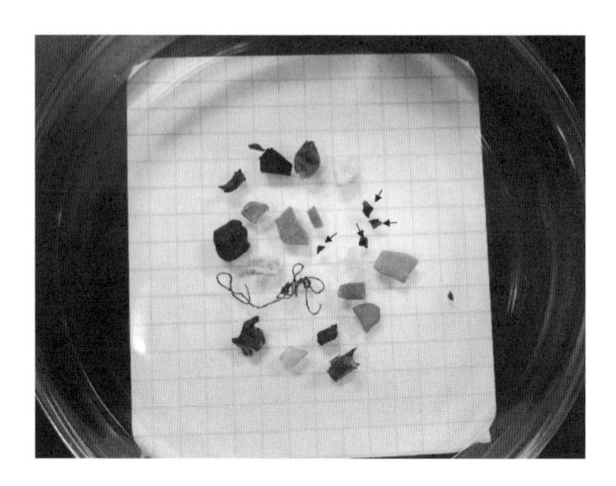

図 5.5　1個体のハシボソミズナギドリの後胃の内容物
プラスチック片や繊維に混じって，イカの口器（矢印）が見える。 →口絵3

レに入れて重量を量る。次いで，胃をはさみで切って開く。ミズナギドリ科ではオレンジから黄色のオイル，いわゆる“**胃油**”（後述）を前胃にためていることがあり，これはあらかじめスポイトなどで吸い取って別に計量しておく。前胃の内容物については以下のように**消化段階**を記録する。

1：新鮮で消化されていない。
2：部分的に消化されているが餌の体形は維持している。
3：だいたいは消化されているが餌生物の体形は維持している。
4：全部消化され硬質部だけが残っている。

次いで，胃内容物を水で流し，目合い 0.1～1 mm の網地や篩で濾す。胃の皮を前胃・後胃別々に重量を量り，全重量から引いて，それぞれの胃内容物重量を求める。

濾し取った前胃・後胃それぞれの内容物を，別の方眼底のシャーレに移し，スポイトで水を加え均等にする。実体顕微鏡下で柄つき針やピンセットを用いて，シャーレ中の胃内容物を，魚類，オキアミ類，ヨコエビ類，カイアシ類，エビ類，イカ類，クラゲ類，巻貝類（主に有殻腹足類），昆虫類，線虫類，条虫類，植物（草本や木本の茎や枝の一部，種子，海藻類），プラスチック，小石，その他といった大分類群に分け，それぞれ個体数や個数を数える。これら大分類群ごとに，ろ紙で水分を拭き取ったうえで，湿重量を測定する。分類したサンプルを，それぞれ別のスクリュー管に入れ，60% エタノールで保存する。スクリュー管にはサンプル番号を鉛筆で記したラベルを貼るとともに，外に貼ったラベルの字が判読できなくなる場合に備え，管の中にも鉛筆書きのラベルを入れる。その後，それぞれの分類群においてさらに可能な限り同定する。

オキアミ類など個体数が多く，そのため全数を数え上げるのが大変な分類群については，まず分類群（オキアミ類など）ごとに総重量を量り，各分類群から～50 g をサブサンプルとしてとり分ける。サブサンプル中の種ごとに重量測定したのち個体数を数え，種ごとの重量と個体数の比率から全サンプル中の個体数を算出する（図 5.6）。胃内の残渣における分類群ごとあるいは種ごとの個体数としては，魚類は耳石の数を 2 で割った数，イカ類の口器は下顎の数，オキアミ類は目の数を 2 で割った数，ヨコエビ類は頭部の数，カイアシ類は頭胸部の数を使う。魚類の耳石は番号をつけて乾燥保存する。耳石のサイズから

図 5.6　胃洗浄法で採取したアデリーペンギンの前胃の内容物
ほとんどがナンキョクオキアミである。消化が進んでいない。全重量を量り，その一部（50 g 程度）をとって，オキアミの種類を区別し，それらの個体数とサイズを測る。南極昭和基地近くの袋浦コロニーにて。

経験式によって魚の体長に変換することができるからである。消化時間にかかわらず，耳石による魚のサイズの復元性はよい（Gales, 1988）。消化が進んだ胃内容についても，こうして得られた復元体重から消化される前の餌重量比に戻すことができる（Ridoux, 1994）。

5.6　胃内容分析による食性の指標

捕獲した個体のうち前胃が空だった割合を**空胃率**とし，全胃内容物重量をその個体の体重で割った値を**胃充満度**とする。これらの値が直近の採食成功の指標に使われることもある。餌の種類構成の指標としてよく使われるのは，**出現率**（空ではない胃のうちその種あるいは分類群が出現した比率，%F），**重量比**（全餌量のうちその種あるいは分類群が占める重量割合，%W），**個体数比**（判別できた餌個体数のうちその種あるいは分類群の個体数割合，%N）の3つである。このうち重量比と個体数比については，すべてのサンプルの合計に対する重量比や個体数比を使う場合と，サンプルごとに重量比・個体数比を求め，その平均値を使う場合とがある。

同じ餌種の個体数比と重量比は大きく異なることが多い。その理由は，まず，餌の消化されやすさが異なるためである。個体数としてはたくさん食べられたが，消化されやすく胃内容物としては1個体につき足1本程度しか残らないカイアシ類などでは，個体数比が大きくても重量比はごく小さい。また，すべての個体のサンプルの合計に対する重量比や個体数比が示されている例では，ある餌種をたまたま大量に食べた個体がいた場合，その個体の値に引きずられるといったバイアスがかかる。このバイアスは個体サンプルの平均を使うことで多少は改善できるが，こうしたバイアスを精度よく補正する手法はない。このため，個体群全体としての餌変化の傾向を知りたい場合には，1つのサンプルからその種の餌の破片が少しでも出現したら1ポイントと数え，それを合計した値を使ってある餌の比率を求める方法，出現率，重量比，個体数比それぞれで順位をつけ，その合計で再度餌としての重要度の順位をつけ直す方法（Harrison *et al.*, 1983）などが使われる。海鳥ではあまり使われないが，魚類などでは，**餌相対重要度指数**（Pinkas *et al.*, 1971）が使われている。餌相対重要度指数（Index of Retative Importance，%IRI）は餌種ごとに個体数比（%N），重量比（%W），出現率（%F）を使って次の式で求められる。

$$\%IRI = \frac{(\%N+\%W)\times\%F}{\sum\{(\%N+\%W)\times\%F\}}\times 10^2 \quad (5.1)$$

すべての餌が種まで同定できるわけではないので，ある分類群単位（オキアミ類など）でこれらの値が算出されている場合が多い。

5.7　組織の化学マーカーを利用する手法

1章では海鳥の組織サンプルを採取する方法について述べた。これらのサンプルを使って，消化吸収され体組織に取り込まれた化学マーカーから餌情報を得ることができる。まず窒素と炭素の安定同位体比（$\delta^{15}N$，$\delta^{13}C$）を測る方法が古くから使われている（Hobson, 1987）。生物の体組織中の $\delta^{15}N$ は栄養段階が1つ上がるとだいたい3～4‰増す（和田，1986）。これを**濃縮係数**という。$\delta^{13}C$ は栄養段階によってはあまり変化しないが，餌の生息場所のタイプによって変化する。たとえば，$\delta^{13}C$ の値から河川由来の餌を食べていたか海由来の餌を食べていたかが推定できる（Hobson, 1987; Mizutani *et al.*, 1990）。さらに，沿岸域では底層生態系のほうが，表層生態系より同じ栄養段階でも $\delta^{13}C$ の値は高い。海鳥の体組織の窒素・炭素安定同位体比の値と餌生物の窒素・炭素安定同位体比の値を使って，餌生物の比率をベイズ法によって推定することができる（Parnell *et al.*, 2010）。この方法を使って，天売で繁殖する海鳥4種の卵黄の窒素・炭素安定同位体比から，造卵中の餌が推定されている（Ito *et al.*, 2012）。ただし，餌の候補となる生物の窒素・炭素安定同位体比が十分わかっていることが条件である。

鳥類において，既知の安定同位体比の餌を食べさせた飼育実験結果から，組織ごとに安定同位体比の**濃縮係数**（餌生物の安定同位体比とそれを食べた鳥の体組織の安定同位体比との差）や**交換率**（餌を切り替えた時にその餌の同位体比を反映した値になるまでの日数，更新時間ともいう）が違うことが明らかにされている（松原，2002のレビューを参照）。たとえば，鳥類の筋肉では，$\delta^{15}N$ の濃縮係数はニワトリ（0.2‰）を除くと1.0～2.4‰であり，肝臓では1.7～2.7‰

と若干大きく，卵黄では3.1〜3.6‰である。鳥類で調べられたδ^{13}Cにおける交換率は，血漿と肝臓では2.6〜2.9日と早く，胸筋では12.4日，血球では29.8日，骨コラーゲンでは173.3日であるという。羽根の窒素・炭素安定同位体比は羽根が伸びた時に食べていた餌の安定同位体比を反映する。たとえば，尾羽根は初列風切羽根よりも遅い時期に生え変わるので，両方の窒素・炭素安定同位体比を測ることで，餌の季節変化についての情報を得ることができる。このように，交換率や形成時期が異なる組織の安定同位体比を使うことによって，過去の食性をさまざまな時間スケールで推定することが可能になりつつある。また，羽根は博物館に保存されている仮剥製標本からも採取できるので，その安定同位体比を測って食性の歴史的変化を推定することも可能である。なお，安定同位体比を用いた食物網解析の詳細については，『生態学フィールド調査法シリーズ6 安定同位体を用いた餌資源・食物網調査法』（土居ほか，2016）も参照されたい。

餌組成を推定するため，先に述べた胃油や皮下脂肪の脂肪酸組成を使う方法がある。胃油とは，カイアシ類（図5.1）やハダカイワシ（図5.7）など中深層の餌生物に含まれ，鳥類や哺乳類では消化しづらいワックスエステル（wax

図5.7　コヒレハダカイワシ
ハダカイワシ科は中・深層性であり，クジラ，マグロ，イカなど海洋生態系の高次捕食者の重要な餌となっている。生物量は浮魚類に匹敵するかそれ以上といわれているが，漁業対象でないため，その研究は進んでいない。これまでは，海鳥の胃内容分析によって，ハダカイワシを主に食べるのはごく限られた海鳥種だと思われていた。しかし，最近の脂肪酸組成などの分析により，多くの種類の海鳥が海盆域で，また非繁殖期にハダカイワシ科魚類を食べてることがわかりつつある。

ester）などが消化の過程で胃中に残ったものであり，ミズナギドリ目に特徴的に見られる（Imber, 1976; Clarke and Prince, 1980; Jacob, 1982）。胃油は1週間程度の長距離トリップから戻った場合によく見られる（Weimerskrich and Cherel, 1998; Matsumoto *et al.*, 2012）ので，繁殖地に戻る半日から1週間くらい前に食べた餌を反映すると考えられる。胃油の油脂成分としては，トリアシグリセロール（triacyglycerol），ワックスエステル，ジアシルグリセロールエーテル（diacylglycerol-ether）が主要なものである。一方，鳥類の体脂肪は餌生物の脂質がいったん消化・分解・吸収され，再び合成されたトリアシグリセロールからなる。ケワタガモの体脂肪の場合は，1〜3カ月前に食べた餌を反映するとされている（Wang *et al.*, 2010）。

胃油や皮下脂肪中の各油脂成分中の20種以上の脂肪酸（fatty acids）や脂質アルコール（fatty alcohol）のタイプ別重量組成（プロファイル）を測定し，潜在的な餌生物のプロファイルと比べることで，また判別分析などを使って比較することで，餌を推定することができる。胃油の脂肪酸組成は餌の脂肪酸組成を直接反映するので餌構成を推定できる（倉沢ほか，2012）。一方，皮下脂肪を利用する場合は，餌生物の油脂が皮下脂肪として蓄積される際の変換係数を飼育実験により求めておく必要がある。そのうえで，変換係数と脂肪酸組成を使って餌生物組成を定量的に推定できる（Iverson *et al.*, 2004, 2007）。こうして計算できるのは胃油の，あるいは捕食者の脂肪組織として取り込まれた，たとえばワックスエステルベースでの餌組成である。安定同位体比や脂肪酸組成を使った海鳥類の餌推定の有効性と限界については，Williams and Buck（2010），Owen *et al.*（2013），Karnovsky *et al.*（2012）に詳しい。

最後に，消化が進んだ餌であっても，冷凍保存あるいは99％エタノールで固定された魚などの肉片からDNAを抽出し，その種類を同定することが可能である。この方法はオオミズナギドリの胃内容物中の餌の同定に使われている（Matsumoto *et al.*, 2012）。ペンギンでは，食性調査のために糞からDNAを採取し，餌組成を分類群単位で推定する研究も行われているが，餌組成をどれだけ正確に反映しているのかなど，まだ課題が多い（Jarman *et al.*, 2013）。

5.8 それぞれの手法の弱点

ペリットは骨など未消化物を吐き戻したものなので，ほとんど消化されてしまうオキアミなどは，食べたとしてもペリットの分析ではわからない。ペリットには未消化部位のみが含まれるので，重量比を使うと，未消化部位の多い貝やウニの重要度は，未消化部位が少ないイワシなどの重要度より過大評価される。ペリット中の未消化物の重量比からもともと食べた餌種の重量を推定する試みもあるが（たとえば Watanuki, 1984），少なくともその餌は食べていたという情報と考えたほうがよい。親が雛のためにくわえてきた餌はそのまま餌を同定・定量できるが，それは雛が食べる餌であり，親が消化・吸収する餌と同じとは限らない。実際，親と雛の餌は違うことが多くの種で報告されている（Ydenberg, 1994; Davoren and Burger, 1999; Wilson *et al*., 2004）。胃内容物は海鳥の餌分析に最もよく使われるが，死体からの採取にせよ胃洗浄法で得られたサンプルにせよ，食べたものがそのままであることはまずない。時間が経つにつれて消化が進む。たとえば，魚を食べさせた場合は 4〜8 時間，オキアミとイカを食べさせた場合は 8〜12 時間経つと，食べた量の 20% 以下しか胃に残らない（Wilson *et al*., 1985; Jackson and Ryan, 1986）。

胃内容物は採取前数時間程度の餌しか反映しない。ミズナギドリ目では繁殖地から何日もかけて 1,000 km も離れた場所で長時間採食する場合も多いが，そこで何を食べたかは胃内容物分析ではわからない。また，非繁殖期の餌を調べるのは，銃器による捕獲や，混獲などで偶然得られた死体の胃内容を使わない限り難しい。化学マーカー（安定同位体比や脂肪酸）はこうした欠点を補うものである。しかしながら，餌構成を量的に推定するためには，潜在的な餌生物すべてのマーカーの濃度を測定したうえで，食べてから組織に反映されるまでの時間（交換率）と，その組織での濃縮率あるいは変換係数を測定する必要がある。海鳥の食性分析の各手法の利点と欠点については，Barret *et al*. (2007) にさらに詳しくまとめられている。

5.9 餌消費量推定法

3，4章および本章で，それぞれ繁殖つがい数，繁殖成績，餌種の観察・分析方法を紹介した。これらに加え，餌のエネルギー価と個体のエネルギー消費量がわかれば，これらから海鳥繁殖個体群の餌消費量が推定できる。海鳥の餌のエネルギー価に関しては多くの報告がある（綿貫，2010）。そこで，この章の最後に，個体のエネルギー消費量の推定方法について簡単に紹介する。

海鳥における親自身の維持・活動のためのエネルギー消費量は，酸素消費速度測定法や二重標識水法などによって測定されている（Ellis and Gabrielsen, 2002；綿貫，2010）。卵生産のために必要とされる1日当たりエネルギーは，卵のエネルギー価とそれへの変換効率，造卵に要する日数から推定される。卵のエネルギー価は1 g当たり4.23 KJであり，変換効率は0.77とされる（Rahn *et al*., 1984）。つまり，10 gの卵を生産するには55 KJを要する。これを造卵に要する日数で割って，造卵1日当たりのエネルギー消費が求まる。雛の維持・活動のためのエネルギー消費量は親と同様，酸素消費速度測定法や二重標識水法で測定されている。雛の総エネルギー消費量は，これに成長に要するエネルギー必要量を加えて得られる。

こうして得られた，親自身（オス・メス合計）の1日のエネルギー消費量，造卵あるいは，雛の生存と成長のための1日のエネルギー消費量の和が，1つがいが繁殖期の1日に必要とするエネルギーである。その繁殖地の個体数を乗じて，繁殖個体群全体のエネルギー消費量を求める。それを消化率で割って，繁殖個体群全体が1日に消費した餌の総エネルギー量を求める。消化率（食べた餌のうち消化・吸収した比率，重量比やエネルギー価の比率で表す）は飼育実験によってよくわかっている。海鳥の餌はすべて動物質なので消化率は比較的高く，エネルギー価で70～80％程度であって，種による差は小さい（Jackson and Ryan, 1986; Niizuma and Yamamura, 2004）。さらに，こうして求めた消費した餌の総エネルギー量を餌の平均エネルギー価（重量当たりエネルギー価）で割れば，繁殖期の1日にその個体群が消費した餌重量が推定できる。毎日の消費量を繁殖期間通して積み上げれば，その繁殖地で各々の海鳥種が繁殖期間中に消費する海洋生物の量を推定することができる（Furness, 1978; Wiens and Scott, 1975; Schneider and Hunt, 1982)。どのパラメーターが餌の消費量を大きく左右するかという感度分析によると，最も重要なのは海鳥の繁殖個体数のようである（Furness, 1978)。つまり，餌消費量を推定するためには個体数推定精度を上げることが重要である。

Box 5.1

海鳥の餌としてのハダカイワシ

ハダカイワシ科（図 5. 7）は世界で 250 種ほどおり，大きさは 2～15 cm のマイクロネクトンである。亜寒帯・温帯・亜熱帯・熱帯まで幅広く分布し，主に外洋・海盆域に生息し陸棚種は少ない。その資源量の正確な推定値はないが，北緯 20 度以北の西部北太平洋では，中層性魚類マイクロネクトンとしてまとめると最低でも 4,900 万トンであり（Gjosaeter and Kawaguchi, 1980），世界では 1 億トンともいわれている（Irigoien *et al*., 2014)。カロリー価が高く現存量も多いハダカイワシは，海洋生態系の 1 次消費者として重要なカイアシ類と大型捕食者をつなぐ 2 次消費者である。このハダカイワシはオキアミや多獲性浮魚とならび，海洋生態系の動向を決めうるカギ種として注目されている。実際に，ハダカイワシは外洋性の捕食性魚類，イカ，クジラ類の重要な餌の 1 つである（Ohizumi *et al*., 2000; Pethybridge *et al*., 2012; Battaglia *et al*., 2013)。

これまでの研究によると，主たる餌がハダカイワシである海鳥種は意外と少なく，オウサマペンギンとアカアシミツユビカモメだけである（Ridoux, 1994; Schneider and Hunt, 1984；表 5. 1)。ただし，今までの研究で海鳥の餌中のハダカイワシの重要性が低かったのは，従来分析されてきた胃内容物は繁殖地で得られたものが多く，繁殖地周辺の陸棚域で食べた餌だけを反映しているためだろう。先述のように，ハダカイワシ類は陸棚域にはあまり分布しない。海鳥は非繁殖期には海盆域を含む外洋で生活することが多い。しかし，海鳥の非繁殖期の食性の研究は少ない。南極海で海盆域を横断する調査航海中に，非繁殖期を含むさまざまな時期に採取したペンギン目とミズナギドリ目の海鳥種の胃内容物を調べた先駆的な研究では，何種類かの海鳥の胃内容物がハダカイワシからなっていることが報告されている（Ainley *et al*., 1986)。最近，海鳥が海盆域で食べたであろう餌を反映する胃油や皮下脂肪の脂肪酸組成の研究が多く行われている。これらの研究によると，ミズナギドリ科，ウミツバメ科に加え，ミツユビカモメなどがハダカイワシをよく食べることが明らかになりつつある（Connan *et al*., 2007; Iverson *et al*., 2007)。

南極海生態系の変化に関するこれまでの研究では，1 次消費者としてナンキョクオキアミが主であるとされていたが，その後の研究で海氷の減少によって別の海洋生物（たとえばサルパなどゼラチン質動物プランクトン）に代わることが示され，その有力候補の１つとしてハダカイワシが挙げられている（Murphy *et al*., 2007）。そのため南極海においてもハダカイワシのモニタリングはますます重要になってきている。しかしながら，ハダカイワシは漁獲対象物でないため，その情報は調査航海によるものに限られ，限定的であり，時間的・空間的変化に関する情報はまだまだ不十分である。本章で述べた海鳥体組織の安定同位体比や脂肪酸などの新しい分析技術によって，海盆域における海鳥の餌構成を推定することができるようになった。これをハダカイワシのモニタリングに役立てることができるかもしれない。

第6章 バイオロギングによる移動追跡調査

6.1 はじめに

海鳥は，繁殖期間中には抱卵や雛への給餌のためにたびたび繁殖地に戻らなければいけないので，繁殖地から一定範囲内で餌をとる。そのため，繁殖地周辺の餌生物の分布や量が変化すると，採食場所までの距離や移動にかかる時間が変化し，繁殖成績に大きな影響を与える。一方，非繁殖期には比較的自由に利用海域を選ぶことができるので，餌条件が変わると，利用海域自体を大きく変えることができる。餌条件の変化に対するこうした海鳥の反応のメカニズムを理解する必要があるが，注意しなければならないのは，海鳥の餌や繁殖成績の情報がどの時・空間スケールでの海洋生態系の変化を反映しているのか十分にはわかっていないことである（まえがきの表を参照）。船によって海上での海鳥とその餌生物を調べた研究（8章参照）によると，10 km スケールで海鳥と餌生物の密度には強い相関があり，このスケールでの湧昇やフロントが魚を集めており，それを海鳥がよく知っているせいではないかと考察している(Schneider and Piatt, 1986; Fauchald and Erikstad, 2002)。こうした海鳥の反応のしくみを知るには，何よりも個体の移動を追跡する必要がある（綿貫，2001）。

恒温動物である海鳥は餌要求量が大きいので，彼らの餌であるさまざまな海洋生物を大量に食べる必要がある。そのため，海鳥は餌生物が集まっている場所をうまく探し出して，そこで効率よく採食していると思われる。こうした海鳥の餌生物は，他の高次捕食者であるマグロやクジラの重要な餌生物でもある。高次捕食者までのエネルギーの流れが大きい海域，すなわち海洋のホットスポットを探し，その変化を追跡するためにも，海鳥の移動追跡が役に立つと期待されている（Thiers *et al.*, 2014）。

これまで海鳥の海上での分布は，船からの目視調査による研究が大半を占めており（8章），個体がどのように利用海域を変えるかを追跡する手段はなかった。陸上動物の研究においては，従来からクマやシカなどに**電波発信機**（VHF発信機）を取りつけてその電波を受信し，移動を追跡することが行われていた。しかし，広範囲を動き回る海鳥の研究に使うには電波の受信範囲は狭すぎる場合が多かった。そのために開発されたのが，衛星対応型の発信機やGPSデータロガー（後述）を動物に取りつけて移動追跡を行う手法である。海鳥は空中にいる時間が他の海洋生物に比べ格段に長いので，衛星対応の機器を使った移動追跡に適しており，近年では非常に多くの研究がある。

中でも，動物に装着した記録計（データロガー）の内部メモリにデータをためる方式は，日本の研究グループによって「**バイオロギング bio-logging**」と名づけられ，記録計の小型化が進むにつれて，魚類，ウミガメ，クジラなどさまざまな海洋動物の研究に用いられるようになってきた（日本バイオロギング研究会，2009；高橋・依田，2010）。バイオロギングという用語は，現在では発信機も含めて，動物に何らかの装置を取りつけ，データを得る手法として広い意味で使われることが多く，本書もそれに従う。バイオロギングで用いられる装置は種類が多く，調査の期間・時期（繁殖期中か繁殖終了後か）や必要とされる軌跡の精度などによって，適した装置が異なる。この章では，移動追跡を目的とした発信機・データロガーについて紹介し，装置の装着方法，装着時の注意点，および初歩的な移動軌跡データの解析方法について述べる。採食行動の調査などに用いられるバイオロギング装置については，7章で紹介する。

6.2　どの装置を使うべきか

装置を選ぶ時に考慮すべき点は，再捕獲の可能性，調査が必要な期間，必要とされる位置精度，などである。装置は大きく分けて，電波を発信する機器（**電波発信機**）とデータを装置内部のメモリに記録する機器（**データロガー**）がある（図6.1，口絵4）。一度捕まえた鳥を再度捕獲することが難しい場合（繁殖地へのアクセスが困難な場所，洋上で捕獲した個体や巣立ち雛への装着等）には，機器を回収しなくてもデータが取得できるよう，電波を発信する装置を

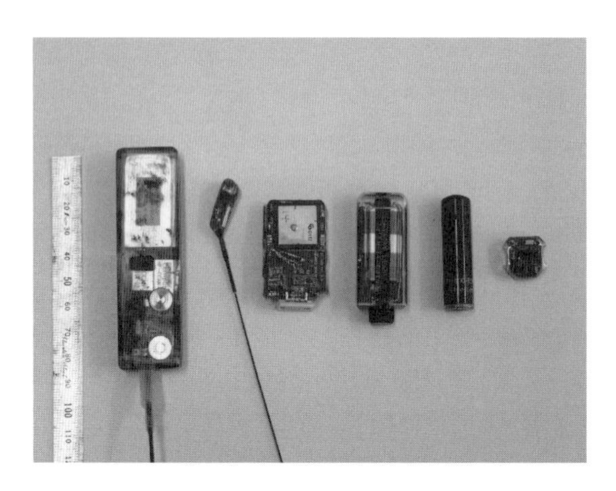

図 6.1　移動追跡や採食行動研究に使われるさまざまな装置
左からアルゴス衛星対応発信機，VHF 発信機，GPS データロガー，ビデオロガー，加速度ロガー，ジオロケータ。→口絵 4

使う必要がある。電波を発信する装置には，複数の地上局で発信源の方位を測定して装置の位置，すなわち鳥の位置を決める方式（VHF 発信機など）と，地球を周回する衛星が電波を受けて発信源の位置を測定する方式（衛星対応発信機）がある。これらの発信機から得られる位置の精度は GPS による測定ほど高精度でなく，時間分解能も低い。一方，育雛期など，鳥が頻繁に巣に戻ってくるため再捕獲が容易な場合には，動物装着型の記録計，すなわちデータロガーが利用できる。移動追跡のために最もよく利用されているのは GPS データロガーで，位置精度がよく，装置のサイズも小さくなってきている。ただし，記録期間は電池容量によって制限される。繁殖終了後の渡りなど，長期間・長距離の移動を捉えるためには，照度を利用して測位する**ジオロケータ**を足環などに装着し，その記録から位置を推定する方法も使える。それぞれの装置の長所・短所を把握し，調査の目的に見合ったものを選ぶことが大切である（表 6.1）。

まず，具体的な方法として，**VHF 電波発信機**を動物に取りつけ，その電波をアンテナと受信機で受信し，位置を記録する方法を紹介したい。複数の場所で同時に電波を受信してその受信方位を記録し，受信方位が交わる点に鳥がいるとして位置を決める。位置精度は動物までの距離やアンテナとの位置関係によ

表 6.1 移動追跡のための装置の重量，位置の精度，時間分解能（記録間隔），最大記録時間，1 台の価格の比較

	装置の重量	精度	記録間隔	記録時間
VHF 発信機	1 g〜	2 km〜	数分〜	〜数ヶ月
衛星対応発信機	15 g〜	150 m〜	数時間〜	数ヶ月〜数年
コンパスデータロガー	15 g〜	数 m 程度	1 秒〜	〜数日
GPS データロガー	3 g〜	10 m 程度	1 秒〜	数日〜数ヶ月
ジオロケータ	1 g〜	200 km 程度	1 日〜	〜2, 3 年程度

	単価	代表的なメーカー	備考
VHF 発信機	2 万円〜	ATS	電波の受信装置が必要
衛星対応発信機	20 万円〜	Wildlife Computer	
コンパスデータロガー	10 万円〜	Little Leonardo	位置を得るためには速度の計測が必要
GPS データロガー	7 万円〜	Technosmart, Little Leonardo	
ジオロケータ	2 万円〜	Lotek/Biotrack	

って大きく変化するが，方位で 2〜5° 程度の誤差が生じる（Wilson *et al.*, 2002）。発信機から出力される電波が強いほど探索距離は長くなる。地上にアンテナを設置して方向探知をする場合，最大で 50 km 程度が探索可能とされ，カモメやウ，ペンギンなど，沿岸近くで採食する種類を中心に使われてきた。発信機自体は比較的安価である。なお，日本国内では以前は外国製の発信機を用いて多くの調査が行われてきたが，2008 年から施行された国内電波法によって規格が定められ，これに合致しない外国製品は使用できなくなった。国内電波法の規格に適合した発信機が，国内メーカー（サーキットデザイン社など）によって作成されている。

アメリカに生息するマダラウミスズメは，森林内に分散して営巣するため，直接観察による巣の発見が非常に困難である。そのため，夜間海上において個体を捕獲し，2.5 g の VHF 発信機を装着して，その電波を追跡することで巣場所が特定されている（Barbaree *et al.*, 2014）。その研究では，地上，ボート，さらに航空機から電波を探すことで，営巣個体を広範囲で探索している。VHF 発信機をうまく活用した事例といえるだろう。

次に，**衛星対応発信機**を動物に取りつけ，その電波を人工衛星で受信することで動物の位置を決定する方法を紹介する。この方法では一般に，アルゴス情

報収集・測位システム（Argos data collection and location system）と呼ばれる衛星データ受信システムを利用する。人工衛星で受信された情報は，地上にある情報処理センター（フランス国立宇宙研究センター，CLS社）に送られ，受信された電波信号の周波数を分析することで，発信機の位置を特定するしくみになっている（位置決定のしくみの詳細については，樋口，2002を参照）。動物に送信機（PTT: Platform Terminal Transmitterとも呼ばれる）を取りつければ，あとは電子メールで位置データが送られてくるという便利なしくみになっており，海鳥に限らず，さまざまな陸鳥にも用いられている。位置の情報は，時刻・位置精度の指標（location class）とともに送られてくる。位置精度の指標は3，2，1，0，A，B等のクラスによって表示されており，クラス3で <150 m，クラス0で >1 kmの精度とされている。内蔵された電池を電源とするものと，発信機表面に取りつけたソーラーパネルを電源とするものがある。最も小さい装置は，電池タイプでは20 g程度，ソーラーパネルタイプでは5 gとなっている。発信機の使用可能期間は電池に依存しており，ソーラーパネルタイプでは条件がよければ数年間の使用実績がある。位置だけでなく，潜水深度などの情報を要約してデータ送信する発信機も開発されており，ペンギンなどの研究に使われている。遊泳速度や水中の塩分濃度，クロロフィル濃度などを同時に測定できるものもアザラシなどへの装着用に開発されているが，大きすぎて（>500 g）海鳥にはまだ装着できるサイズではない。発信機は一般に高価（>20万円）であり，さらに，アルゴスシステムを利用してデータを受信するために，1台当たり1カ月数千円～最大2万円程度のデータ受信料を支払う必要がある。また国内で使用するためには発信機ごとに無線局免許を取得しなければならない（CLS社の日本代理店であるキュービック・アイ社に免許申請手続きの代行を依頼できる）。

これらのほかに，最近では以下の方法が効果的に用いられるようになっている。

• GPS（Global Positioning System：全地球測位システム）データロガー：これは複数のGPS衛星からの電波を受信することで位置を計算し，記録する装置である。高い空間精度（<10～100 m）と時間分解能（1秒～数分程度）で

位置を記録できる。GPS データロガーは近年急速に小型化，省電力化が進んでおり，現在最小で 3 g 程度のものがある。通常，数日～2 週間程度の移動軌跡を記録するために用いられる。記録期間は主に電池容量に依存しており，長期間の記録を得るためには大きな電池を使用する必要がある。ソーラーパネルを電源とするタイプも一部の研究者によって開発されている（Bouten *et al.*, 2013）。また，位置と一緒に潜水深度・温度等を記録するタイプもあり，ペンギン等で使われた実績がある（Kokubun *et al.*, 2010a）。GPS データロガーの多くは防水処理がされておらず，海鳥調査に用いる場合には熱収縮チューブ（たとえばミスミ社の接着剤つき熱収縮チューブなど）で覆う，エポキシ樹脂に包埋する等の防水加工を自分で行う必要がある。

日本で海鳥の多数個体を追跡している例を挙げよう。岩手県船越大島や新潟県粟島で繁殖するオオミズナギドリでは，GPS データロガーを装着し，1～10 日間の採食トリップ中の移動軌跡が調べられている（Yoda *et al.*, 2014）。その結果，遠いものでは北海道の襟裳岬沖から釧路沖まで，繁殖地から最大 1,000 km 以上の距離まで餌をとりに出掛けている様子が明らかにされた（図 6.2）。

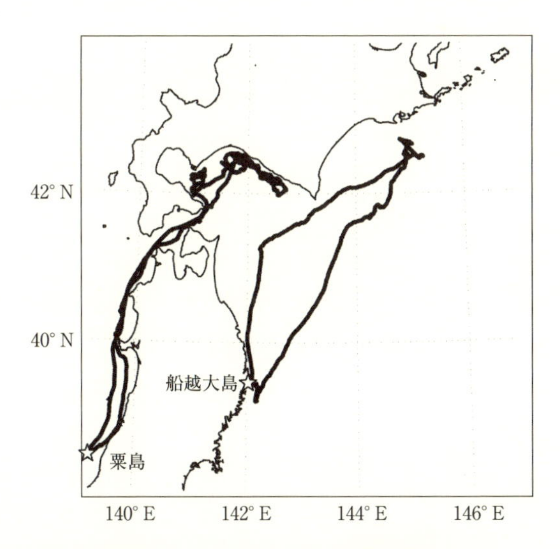

図 6.2　GPS データロガーを装着したオオミズナギドリの移動軌跡の例
岩手県船越大島，新潟県粟島で繁殖する個体の移動軌跡を太線で示す。いずれも北海道南岸まで餌をとりに出掛けている（提供：依田 憲）。

• **コンパスデータロガー**：これは海鳥の時々刻々の移動方向と速度から移動軌跡を推定する方法である。地磁気の直接測定やコンパスの方位角の記録から移動方向を，プロペラの回転速度から移動速度を記録（もしくは一定の移動速度を仮定）し，動物がどの方向へどれだけの距離を移動したか積算していくことで，移動軌跡を推定する。1990年代，まだ衛星対応発信機やGPSデータロガーのサイズが大きかった頃，比較的小型（>15 g）でありながら高い時間分解能で軌跡を推定できる方法として開発された。ウミガラスやミズナギドリの飛翔中の軌跡の研究に使用された（Benvenuti *et al*., 1998）が，飛翔速度を計測するよい手法がないため一定速度での飛翔を仮定する必要があったこと，GPSデータロガーが近年顕著に小型化されたことなどから，研究に使う例が少なくなってきた。しかし，GPS用電波が届かない水中でのペンギンやアザラシなどの細かい移動軌跡は，遊泳速度をプロペラによって実測し，同時に地磁気を測って，この手法で推定されている（Shiomi *et al*., 2012）。

• **ジオロケータ**：これは照度を連続的（10分ごとなど）に記録する装置である。照度変化から日出没時刻を算出し，日長時間から緯度を，真夜中時刻と太陽の正中時刻から経度を推定する（図6.3）。緯度・経度の推定は，ジオロケータと

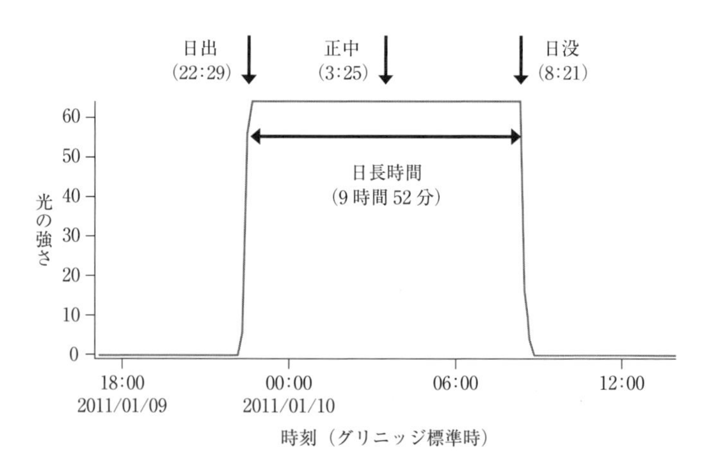

図6.3　ジオロケータによる位置推定のしくみ
ウトウに取りつけたジオロケータの2011年1月9〜10日の記録の例。まず光の強さの記録から日出没時刻を推定する。そこから日長時間と太陽の正中時刻がわかる。日長時間から緯度を，正中時刻から経度を推定する。

一緒に提供されるソフトウェアや統計解析ソフトＲで公開されているスクリプトによって行うことができる。位置の記録間隔は１日１点もしくは２点となる。衛星対応発信機とジオロケータをアホウドリに同時に装着した結果から，精度は 186 km 程度と推定されている（Phillips *et al*., 2004）。照度以外の情報を使うことで位置推定の精度を高め，より確からしい移動軌跡を推定する試みもされている。よく用いられているのは，ジオロケータで記録される水温と衛星リモートセンシングから得られた海表面の温度とを比較する方法である。温帯域のような，水温の南北差の大きい海域では緯度の推定に有効である。春分・秋分の前後 2〜4 週間程度は，地球上のどの緯度でも日長時間が同じになるので緯度の推定ができないが，緯度方向で大きく傾斜する水温を用いることで，この期間の緯度を推定できる場合がある。

筆者らは北海道天売島で繁殖するウトウにジオロケータを取りつけ，１年後

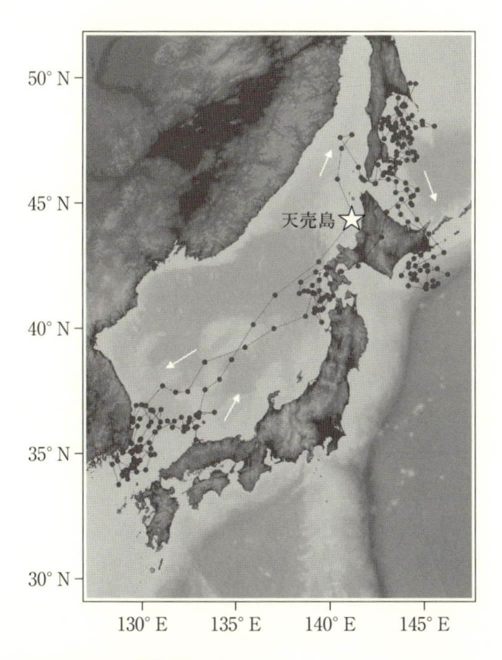

図 6.4　ジオロケータから得られた移動軌跡の例
天売島で繁殖するウトウの８月から３月までの１日ごとの移動軌跡。ジオロケータの誤差のために陸上にも点がある。 →口絵 5

に回収することで，繁殖後の移動軌跡を調べた（Takahashi *et al*., 2015）。ウトウは7月末頃に雛が巣立って繁殖が終わるが，それ以降，天売島を離れていったん北上し，10月頃までオホーツク海で過ごす（図6.4，口絵5）。その後日本海を南下し，12月頃から約3カ月間は対馬海峡や朝鮮半島の東岸の海域に滞在する。そして2月下旬～3月にかけて北上を開始し，3月中旬～4月上旬に天売島の繁殖地に戻ることが明らかになった。国内で繁殖する他の海鳥では，オオミズナギドリ（Yamamoto *et al*., 2010），ウミネコ（Kazama *et al*., 2013; Tomita *et al*., 2015）やカンムリウミスズメ（Yamaguchi *et al*., 2016）などで，ジオロケータを用いて繁殖後の移動軌跡が研究されている。

6.3　装置の装着方法

こうした電波発信機やデータロガーなどの記録装置を海鳥に装着するためには，大きく分けて，**テープによる装着**，**足環による装着**，**ハーネスによる装着**，**外科手術によって体内に埋め込む**という方法がある。

テープによる装着は，短期間（～1カ月間程度）の装着によく用いられ，ほぼすべての海鳥のグループで用いられた実績がある。テサ（tesa®）テープというドイツ製の耐水性・粘着性が高い布テープを用い，背中や胸の体幹部の羽根に装置を巻きつけることで鳥の体に装着する。まず，装置の底には滑り止めに粘着性のブチルテープをつける。次に装置の幅に合わせて背中の羽根を数枚～10数枚持ち上げて，持ち上げた羽根の下にテープを差し込む。テープに載った羽根に装置を押し当て，両側からテープを巻きつける（図6.5）。最後にテープのつなぎ目がはがれてこないように接着剤（アロンアルファ®など）を薄く塗りつける。野外のペンギン調査では1カ月程度の装着に耐える実績をもつ。カワウ野生個体でのテストでは，最長70日間の装着が確認された（高木・佐藤，2009）。テープを使ってデータロガーを装着する場合，鳥の背中に装着することが多い。GPSデータロガーや衛星対応発信機では背中に装着したほうが衛星との通信状態がよいと考えられるためである。しかし，行動を記録するための加速度ロガー（7.3節）は胸の羽根に装着する場合もある。密に羽根が出ている胸のほうがしっかりとした装着が可能な場合も多い。羽根が弱く，装置が

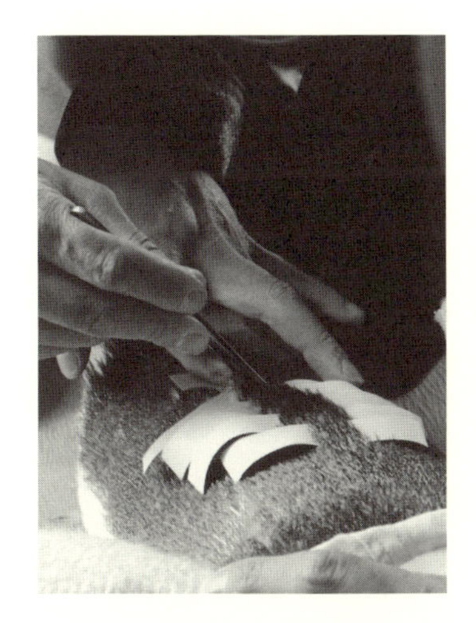

図 6.5 テサテープを使ったロガーの装着
ピンセットなどを使って，背中の羽を持ち上げ，テサテープを数枚羽の下に差し込む（左）。背中の羽の上にロガーを載せ，両側からテープを巻きつける（右）。手前が頭。写真の例はペンギンだが，他の海鳥でも手順は同じ。

すぐに外れてしまう場合には，テープによる装着を補助するために，手術用の糸を使って皮膚表面に装置を縫いつけることも行われている（Pollet *et al.*, 2014）。

足環による装着は，装置を比較的長期間（～数年間程度）装着する時によく用いられ，やはりほぼすべての海鳥のグループで用いられている。プラスチック足環（1 章）や金属足環にケーブルタイとブチルテープ等を使って装置を固定し，調査個体のふしょに取りつける（図 6.6）。衛星との通信を必要としないジオロケータや VHF 発信機，小型の深度ロガー（7 章）の装着に適している。

ハーネスによる装着は，装置を鳥の背中に比較的長期間（～1 年間程度）装着する時によく用いられる。装置についた**テフロンリボン**（テフロン加工した紐）を両翼に回し，装置を背中に背負わせる方法が一般的である（図 6.7）。しかし，鳥が翼を広げた際に翼の付け根にあるテフロンリボンが邪魔になる，あるいは翼の付け根の皮膚とこすれて傷になる等の問題点が考えられ，テフロンリボンをどの程度きつく締めるか，経験と技量が必要な手法となっている（高木・佐藤，2009）。また紐を足の付け根部分に回す方法（leg-loop harness 法）も

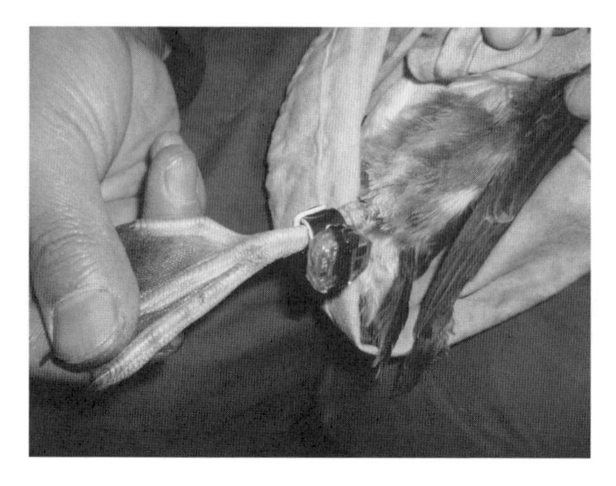

図 6.6　足環によるウトウへのジオロケータ装着
天売島にて。

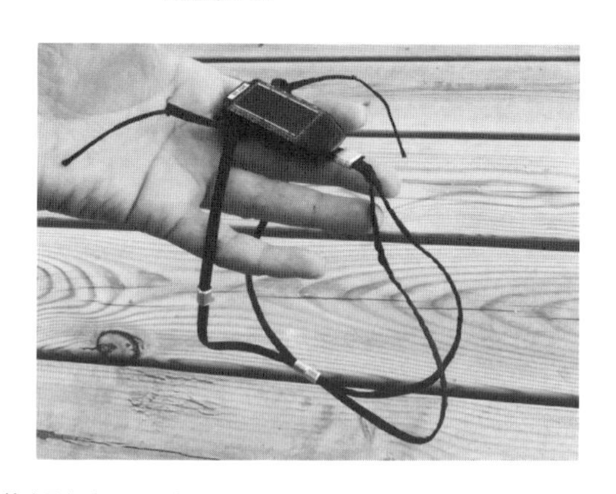

図 6.7　装置を装着するためのハーネス
紐を翼の付け根に回して輪を作るように結び，装置を背中に背負わせる（撮影：塩見こずえ）。

ある。カモメ類の移動を GPS データロガーで追跡するために，紐の取りつけ位置を検討した論文によれば，紐を翼の付け根に回したほうが足の付け根よりも長期間の装着が可能で，GPS の位置取得成功率も高かった（Thaxter *et al*., 2014）。このカモメ類の研究ではハーネス装着による鳥の行動への影響は観察されなかったが，アホウドリ，ミズナギドリ科での研究事例では，繁殖成績の低下や繁殖放棄に至る場合が多く，可能であれば代替手段を検討するよう勧められている（Phillips *et al*., 2003）。

外科手術によって装置を体内に埋め込む方法は，主に体温や心拍数などを計測するデータロガー（7.6節）の装着に用いられるが，VHF発信機や衛星対応発信機を長期的に装着するために用いられた例もある。鳥に麻酔をかけ手術するため，麻酔薬や外科手術の道具，そして手術の技量と経験が必要となる。埋め込みと取り出し時の手術によるストレスや，埋め込まれた装置の生体への影響など，倫理面で特に注意が必要となる。装置が体内で異物として免疫反応を引き起こさないように，生体になじみやすい素材でコーティングする等の前処理も必要となる。発信機装着の場合には，アンテナを体外に出す必要があり，手術による傷口の回復が遅れる可能性がある。鳥が麻酔や手術から完全に回復するまで１日～数日の間飼育保護しておく場合もある。カナダガンなどの陸生の水鳥の研究では，生存率への影響は観察されていない（Hupp *et al*., 2006）が，海鳥（ウミガラス，エトピリカ）での数少ない適用例では生存率の低下や繁殖放棄をもたらしたという（Hatch *et al*., 2000）。したがって，衛星対応発信機の長期装着にはハーネスを用いるほうがよいと思われる。

6.4 装置による行動への影響

発信機やデータロガーの装着は，動物の行動・生態に何らかの影響を与えている可能性がある。動物倫理の観点から，動物の行動を阻害しないように，影響をできるだけ小さくするよう心がける必要がある。また，こうした影響を正しく評価することは，得られたデータがどの程度動物の正常な行動を反映しているかを把握するうえでも重要である。これまで，実験室内での計測から，装置を装着することで移動にかかわるエネルギー消費が増加することが報告されている（表6.2）。野外においては，装置を装着していない個体と比較することで，装置の装着が，採食トリップ時間，体重の変化，繁殖成績などに影響を与えた事例が報告されている。また，よく使われているテープによる装着が長期的に海鳥に与える影響については，Wilson *et al*. (1997) に詳しいまとめがある。移動軌跡や採食行動などは，動物に電波発信機やデータロガーを装着しない限り計測できないものも多く，こうしたデータに装置装着がどの程度影響を与え

表6.2　装置装着による海鳥の行動・生態への影響の事例

影響のタイプ	対象種	装置と装着の方法	結果	文献
エネルギー消費量の増加	アデリーペンギン	装置（35 g）をテープで装着し，タンク内を泳がせ酸素消費を計測	移動のエネルギーコストが25%増加	Culik and Wilson（1991）
遊泳速度の低下	アデリーペンギン	サイズの異なる加速度ロガー（17 g, 50 g）を装着した個体間で行動を比較	大きな装置をつけると遊泳速度が30% 低下	Ropert-Coudert *et al.*（2007）
採食成功率の低下	ハシブトウミガラス	深度ロガー（14 g）をテープで装着	餌を持たずに巣に戻る割合が増加	Watanuki *et al.*（2001）
採食トリップ時間の増加	アホウドリ科・ミズナギドリ科	衛星対応発信機をテープまたはハーネスで装着	レビューされた21の研究のうち，13の研究でトリップ時間が増加	Phillips *et al.*（2003）
雛の成長速度の低下	コシジロウミツバメ	ジオロケータ（1.3 g）を背中に縫いつけて装着	雛の体重増加速度は装置をつけなかった巣に比べ25% 程度低下	Pollet *et al.*（2014）
繁殖成績の低下	ニシツノメドリ	GPSデータロガー（12 g）をテープで装着	雛の消失率が14% 増加	Harris *et al.*（2012）
親のコンディションの低下	ハシブトウミガラス	ジオロケータ（2〜4 g）を足環で1年間装着	装置を装着した個体の再捕獲時の体重は低く，ストレスホルモンレベルが高い	Elliott *et al.*（2012）
親の生存率の低下	ウミガラス・ハシブトウミガラス	衛星対応発信機（35 g）を手術により腹腔内に挿入	放鳥後30日以内に40% の個体が死亡	Hatch *et al.*（2000）

ているか評価するのは原理的には難しい。しかし，直接観察など他の手段で計測可能な採食トリップ時間や，体重測定でわかる雛の成長速度などを用いて，装置装着の影響を評価することが望ましい。

行動に影響を与えないためには，可能な限り小型で軽量の装置を用いることが重要である。アホウドリ科・ミズナギドリ科においては，発信機の重量が体重の 3% を超えると繁殖成績等に影響が現れることが多かったという (Phillips *et al.*, 2003)。したがって，装置の重量を体重の 3% 以内とすることは海鳥に影響を与えないための 1 つの目安と考えられる。ただし，装置の重量の影響は鳥の飛翔のスタイルにも左右され，ウミスズメ科やウ科では装置重量が増えると飛翔のエネルギー消費が顕著に増えるという推定もされている (Vandenabeele *et al.*, 2012)。また，ペンギンやウミスズメ科など潜水性の鳥類においては，装置装着によって断面積が増加することで，遊泳抵抗が上昇することが大きな問題となる（Bannasch *et al.*, 1994)。抵抗をなるべく抑えるため，流線型にかたどった装置を使う，鳥の背中の下のほうに装置をつけるといった対策をとったほうがよい。衛星対応発信機や VHF 発信機のアンテナ部分は特に遊泳中の抵抗となりやすいため，アンテナはなるべく体に沿わせて装着するよう勧められている。VHF 電波発信機の場合，ホイップアンテナの長さは 20～40 cm 程度になる。その場合，発信機本体を尾羽の付け根にテサテープで装着し，アンテナを羽軸に沿わせ，2～3 カ所糸でとめる方法がとられている。

6.5　位置データの解析

発信機やデータロガーを使って得られる動物の位置データには，誤差やエラー値が含まれている。誤差・エラー値を除去し，動物の真の移動軌跡を推定するためのさまざまなデータ解析手法が採用されている。最も単純でよく用いられる方法は，移動速度によってデータをフィルタリングする（**速度フィルター法**）ことである。これは，得られたデータに基づいて動物の移動速度を計算し，実際にはありえないほど速く動物が移動している場合をエラーとして，エラーの元となる位置データを削除，もしくは中間点を使って補間する方法である。たとえば，オオミズナギドリのジオロケータによる渡り中の移動軌跡の推定に

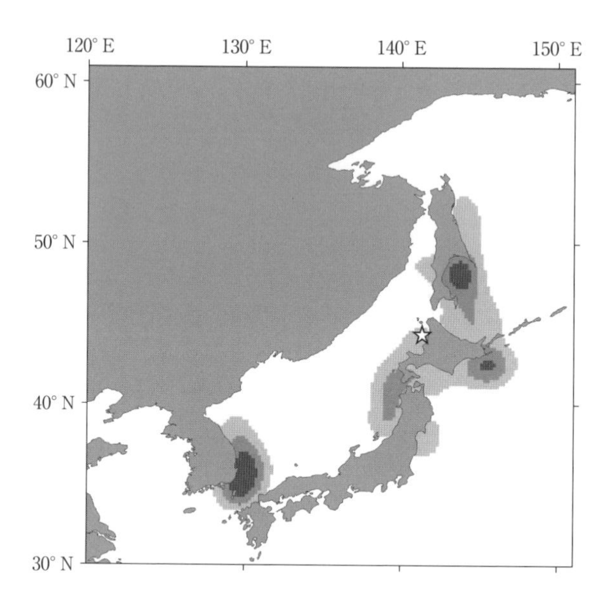

図 6.8　ウトウの非繁殖期間中（2011 年 8 月～2012 年 3 月：11 個体）の位置のカーネル密度分布
色の濃いほうから順に 25%，50%，75% のカーネル密度分布を示す（Takahashi *et al.*, 2015 を改変）。

おいては，2 日間の平均移動速度が 35 km h^{-1} 以上の位置データをエラー値とする速度フィルターを使って，補間を行っている（Yamamoto *et al.*, 2010）。また，近年発達してきた方法は，各位置ごとの誤差の大小を考慮しながら，ベイズ法によって最もありそうな動物の移動軌跡を推定する方法（**状態空間モデル法**）である（Jonsen *et al.*, 2013）。状態空間モデルでは動物の移動軌跡のフィルタリングを行うのと同時に，動物が餌をとっているか，移動に専念しているかといった動物の状態（state）の推定を行うことも試みられている。

動物の移動軌跡から，動物がどんな場所をよく利用していたか示すためのいくつかの方法がある。1 つは**カーネル密度推定法**である。カーネル密度推定法は，動物の位置を点として捉え，実際に得られたサンプル点から，調査対象の母集団の分布密度を推定する手法である。カーネル密度の推定は ArcGIS の Spatial analyst や R で実施できる（図 6.8）。またカーネル密度推定法と同様なものとして，あらかじめ設定したグリッドごとに，点の密度を集計する方法もある（BirdLife International, 2010）。しかし，いずれの方法においても，動物の移動軌跡上のすべての点を用いると，たとえば，繁殖地から海への採食トリップを繰り返す海鳥では，繁殖地周辺に高い密度が生じることになる。これは海鳥が繁殖のために繁殖地を利用するという制約によるもので，必ずしも海鳥が採食場所としてよく利用していることを示すわけではない。したがって，繁殖地周辺において海鳥の採食場所としての重要性を評価するには，実際に採食している位置を推定するなど別の手法を用いる必要がある。

移動軌跡から海鳥の採食場所を見つける1つの手法として，**地域限定探索**（area-restricted search）をしている場所を明らかにし，地図上に示す方法がある。地域限定探索とは，動物がいったん餌に遭遇すると餌が見つかった付近を集中的に探索する行動を指し，集中分布する餌をとる場合，多くの動物がこの行動をとると考えられている。地域限定探索行動を移動軌跡から推定する方法には，**first passage time 法**（Fauchald and Tverra, 2003），**fractal 次元法**（Tremblay *et al.*, 2007），**状態空間モデル法**（Jonsen *et al.*, 2013）などがあるが，ここでは first passage time 法を紹介する。first passage time 法は，動物が長い時間を過ごしている場所では地域限定探索が行われていることを仮定している。実際の解析においては，プログラム上で，任意の半径の円（たとえば半径 100 m の円）を動物の移動軌跡に沿って動かし，動物の軌跡1点1点について，その円内に動物が入ってから出ていくまでの時間を計算する。円内での滞在時間が長い場所を，地域限定探索行動が見られた地域として特定するという手法である（図 6.9）。では移動軌跡に沿って動かす円の大きさをどのように決めればよいだろうか。Fauchald and Tverra（2003）は，さまざまな大きさの円を使

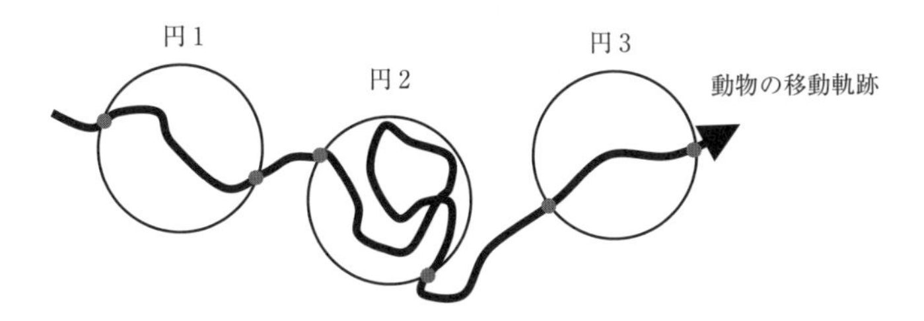

図 6.9 first passage time 法による地域限定探索の推定の模式図
移動軌跡上に同じ半径の円を3つ並べたところ。移動速度が一定であれば，動物が円2を通過する時間は円1や円3に比べて長くなり，円2の付近で地域限定探索行動が見られたと推定される。

って移動軌跡内の滞在時間の分散を計算し，その分散が最も大きくなる円の大きさを地域限定探索の空間スケールとして用いることを提案している。滞在時間の分散が最も大きくなるスケールこそ，動物の移動（円内の滞在時間が短い行動）と餌の探索（円内の滞在時間が長い行動）の行動の違いが，最も顕著に現れていると考えられるからである。first passage time 法は，R でのプログラムが公開されており，Igor Pro（WaveMetric 社のソフトウェア）上で動く Ethographer package（https://sites.google.com/site/ethographer/）でも比較的簡単に計算できる。

6.6　海鳥の移動追跡による重要海域の特定

近年，海鳥の移動追跡データは海洋保全や海域管理に活用され始めている。国際 NGO の BirdLife International では，GPS データロガー，衛星対応発信機，ジオロケータなどを用いて取得された海鳥の移動追跡データをデータベースにまとめ（http://www.seabirdtracking.org），そのデータベースから**海鳥にとっての重要海域**（Marine IBA: Important Bird Area）をカーネル密度推定法などにより客観的に抽出する取り組みを行っている（BirdLife International, 2010）。抽出された重要海域は海洋生物保全にとっても重要な海域であるとして，各国の政府や地域漁業管理機関に保全施策をとるよう提案されている。こうして提案された重要海域が，スペイン政府によって特別保護区（specially protected areas for birds）に指定されるなど（Arcos *et al.*, 2012），実際に行政に活用される事例も出てきている。また，南極海周辺の重要海域と漁業活動との重複の程度を明らかにし，混獲による海鳥の偶発的死亡のリスクの高いエリアを特定するなどの活動も行われ，南極の海洋生物資源の保存に関する条約委員会（CCAMLR: Convention on the Conservation of Antarctic Marine Living Resources）やアホウドリ・ミズナギドリ類の保全に関する多国間協定（ACAP: Agreement on the Conservation of Albatrosses and Petrels）へ混獲防止対策をはたらきかける際に活用されている。近年では重要海域の抽出にあたって，海鳥の移動追跡データを使い，さらに海水温やクロロフィル濃度といった海洋環境情報を取り込んだハビタットモデリング（8.6 節参照）が使われることもある。

● Box 6.1 ●

地球規模での海鳥の渡り

近年，世界のさまざまな海域で海鳥の移動が追跡されるようになり，海鳥が世界中の海を所狭しと飛び回っている様子が明らかになってきた。これまで記録された中で最も長距離の移動をするのはグリーンランドで繁殖するキョクアジサシである。この 100 g 強の体重しかない小さな海鳥は，夏期間の繁殖が終わると大西洋を南へ進み，南極周辺の海域まで到達し，冬（南半球の夏）を過ごす。渡り中の総飛行距離は平均約 7 万 km で，地球を 1.75 周する距離に相当する（Egevang *et al*., 2010)。一方，逆に，南半球の夏期間に繁殖し，その後北半球へと移動して冬を過ごす（北半球の夏）海鳥もいる。オーストラリアのタスマニアで繁殖するハシボソミズナギドリは，繁殖期間中は南極海で餌をとる。繁殖終了後，赤道を通過して 5 月頃日本近海に現れ，6〜7 月にかけてさらにベーリング海，北極海へと北上する。その後 9〜10 月にかけてタスマニアの繁殖地へと戻る。その間の総飛行距離は平均約 6 万 km である（Carey *et al*., 2014)。

こうした長距離移動の調査からわかることの 1 つは，日本周辺の海域が日本で繁

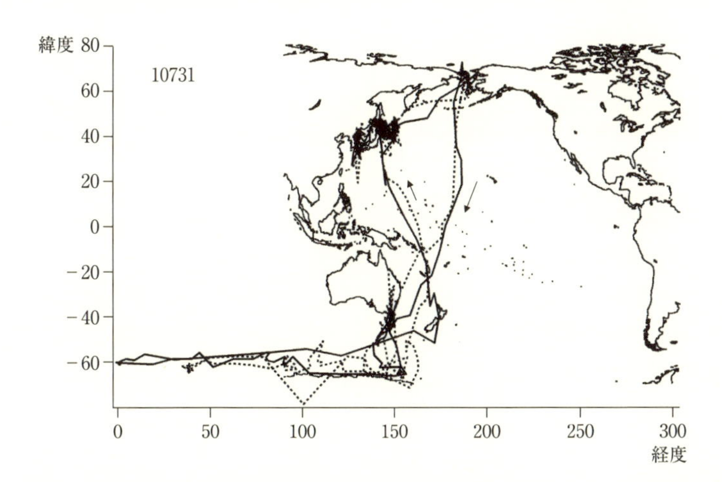

図　タスマニアで繁殖するハシボソミズナギドリ 1 個体（個体番号 1073）の 2 年間の移動軌跡（実線と破線）

10〜4 月の繁殖期は南極海で採食し，5 月に北上，6〜8 月の非繁殖期には主に北海道近海で過ごし，9 月ベーリング海峡で短期間過ごしたのち，10 月には再びタスマニアに戻って繁殖する。この個体は，2 年ともほぼ同じ場所で非繁殖期を過ごし，渡りルートもほぼ同じであることがわかる。

殖する海鳥だけでなく，南半球や太平洋東岸など，遠く離れた地域で繁殖する海鳥の越冬場所として重要だということである。これまでジオロケータで調べられただけでも，オーストラリアで繁殖するハシボソミズナギドリ（Carey *et al*., 2014），ロード・ハウ島で繁殖するアカアシミズナギドリ（Reid *et al*., 2013），ニュージーランドで繁殖するハイイロミズナギドリ（Shaffer *et al*., 2006）とアカアシミズナギドリ（Rayner *et al*., 2011）が，三陸沖の黒潮・親潮混合域，オホーツク海，日本海などを，越冬海域として5～9月の長期にわたり利用していることがわかっている。このうちアカアシミズナギドリは繁殖地で数が減っており，越冬海域である日本周辺での情報が必要とされている種である。一方，同じ時期に，日本で繁殖するオオミズナギドリやウミネコもこれらの海域を集中して利用している。また，ウトウの主要な越冬海域である朝鮮半島や対馬海峡の周辺の海域には，カナダで繁殖するウミスズメが飛来し越冬していることが最近明らかになった（Gaston *et al*., 2015）。日本沿岸に近接したこれらの海域の保全や管理は，日本周辺に限らず太平洋全体というスケールで見ても海洋生態系保全にとって重要であることを認識する必要があるだろう。

第7章 バイオロギングによる採食行動調査

7.1 はじめに

個体の移動軌跡の次に重要なのが，採食行動の計測である。どんな餌をいつどれだけの量食べているのか，餌をとるためにどれだけの時間を費やしているか，といった情報がとりわけ重要である。どんな餌を食べているかは，海から繁殖地に戻った個体の胃の内容物を調べることでわかる（5章）。これに加えて，もし，海での時々刻々の採食量の変化を採食海域と同時にモニタリングできれば，どこが採食にとって重要な海域なのか詳しく把握することが可能になる。また，採食に費やした時間がわかれば，海鳥がどの程度時間的「余裕」をもって採食を行っているかを評価できる。海にいる時に採食（餌の探索・捕食）に使う時間が長い種では，餌の探索時間を増やす「余裕」がなく，餌条件が悪化した際に真っ先に影響を受けることが予想される（Burger and Piatt, 1990）。このように，海鳥の採食行動を詳細に計測できれば，海洋環境の変化がどういったしくみで海鳥の餌や繁殖成績に影響しているかを理解するために役立つ。しかしながら，海での採食行動を直接計測するのはそう簡単ではなかった。

採食行動を計測するため，これまでにさまざまなバイオロギング装置が開発されてきた（表7.1）。本章ではこうした装置の概要と，いくつかの研究事例について，また，体温やエネルギー消費など，採食中の個体の生理状態の計測を行う装置について紹介する。なお，装置の装着方法や装着時の注意点については，移動追跡用の装置の場合と同じなので6章を参照されたい。

データロガーは基本的にセンサーとデータを記録するメモリの組み合わせである。6章で紹介した位置の測定に限らず，センサーを変えることでさまざまな研究への応用が可能である。特に加速度ロガーは，装着した物体の動きを捉えられるので応用範囲は広い。たとえば，Shaffer *et al.*（2014）は，本物に似せ

表7.1　採食行動の計測装置の重量，記録間隔，記録時間，1台当たりの価格の比較

	装置の重量	記録間隔	記録期間
深度ロガー	3 g～	1秒～	～数ヶ月
加速度ロガー	5 g～	20～100 Hz	～数日
温度ロガー	3 g～	1秒～	数ヶ月～数年
嘴角度ロガー	18 g～	16 Hz～	1～2日
カメラ・ビデオロガー	15 g～	連続撮影・インターバル撮影	2時間～
心拍ロガー	20 g～	16 Hz～	1日～

	単価	代表的なメーカー
深度ロガー	3万円～	Cefas Technology, Little Leonardo
加速度ロガー	7万円～	Little Leonardo, Biologging Solutions, Technosmart
温度ロガー	3万円～	Little Leonardo, Cefas Technology
嘴角度ロガー	7万円～	Little Leonardo
カメラ・ビデオロガー	13万円～	Little Leonardo
心拍ロガー	20万円～	Little Leonardo, Star-oddi

た卵（擬卵）の中に加速度ロガーを組み込み，この擬卵を3種の海鳥に抱かせて抱卵行動を調査した。その結果，1時間当たりに平均2回の転卵を行うといった詳細な抱卵行動の情報を，野外の海鳥から初めて得ることができた。本章ではこれまでの使用例を記すが，これにとらわれることなく，調査・研究の目的に合わせたさまざまな使い方ができるだろう。

7.2　潜水行動

深度ロガー（depth logger あるいは time-depth recorder）は水圧を計測するセンサーを備えており，水中で採食を行う海鳥の調査に有効である。ペンギン科，ウミスズメ科，ウ科といった海鳥の潜水採食はもちろんのこと，カツオドリ科などの飛び込み型採食の研究にも用いられている。最近は加速度センサーを組み込んだ深度ロガーもあるが，深度のみを記録するデータロガーはより小型（>3 g）であるため，体サイズの小さな種ではよく使われている。毎秒の測定間隔で長期間（>2ヶ月）の記録が可能なデータロガーもある。

潜水行動のデータ解析は，Igor Pro 上で動く Ethographer package で容易に行える。また統計解析ソフト R でも潜水行動解析用のパッケージ（diveMove;

Luque, 2007）が公開されている。国内の海鳥においては，これまで天売島のウトウ（Kuroki *et al.*, 2003）とウミウ（Watanuki *et al.*, 1996），御蔵島のオオミズナギドリ（Matsumoto *et al.*, 2012），沖縄県仲の神島のカツオドリ（Yoda and Kohno, 2008）で深度ロガーを使った研究が行われている。

7.3 加速度ロガーによる行動モニタリング

飛翔，歩行，休息といった動物のさまざまな行動は，動物の体にはたらく加速度の波形の違いとして現れるので，加速度ロガー（acceleration logger あるいは accelerometer）を使って行動のモニタリングができる（Yoda *et al.*, 2001）。加速度ロガーは直交する 3 つの軸にはたらく加速度を計測するセンサーを備えており，高頻度（>8〜16 Hz）で加速度を記録することができる。運動のバイオメカニクス研究ではもっと高頻度（>100 Hz）で加速度を記録する場合もあるが，その場合はロガーのデータ容量が制限となって記録が数時間しか得られない。動物の体軸と加速度の計測軸を合わせるように装着を行うことで，動物の前後軸（surge），背腹軸（heave），左右軸（sway）の 3 方向の加速度を記録できる（図 7.1）。加速度のデータは適切なフィルタリングによって動的加速度（羽ばたきなどの動きによる，およそ >1 Hz の高周波の加速度成分）と，静的加速度（姿勢の違いなどによる，およそ <1 Hz の低周波の加速度成分）に分けることができる。動的加速度と静的加速度の情報を組み合わせると，動物の行動を分類できる。

たとえば，ハシブトウミガラスの場合（図 7.1），崖にある営巣地で雛をガードしている時には体はほとんど動かさず，立った姿勢なので，体の前後軸方向の動的加速度は変化せず，静的加速度が重力加速度の 9.8 ms^{-2} に近い値になる。飛翔している際には，羽ばたきに合わせて動的加速度の値が -5〜5 ms^{-2} 程度まで変動し，体の姿勢が少し上向きなので静的加速度の値は水平に近い 3 ms^{-2} 程度で変動する。一方，潜水する時には，羽ばたきに合わせて動的加速度の値が -10〜20 ms^{-2} 程度まで大きく変動し，体が下向きの姿勢なので静的加速度は -9.8 ms^{-2} に近い値になる。

加速度ロガーから得られたデータの解析は，Igor Pro 上で動く Ethographer

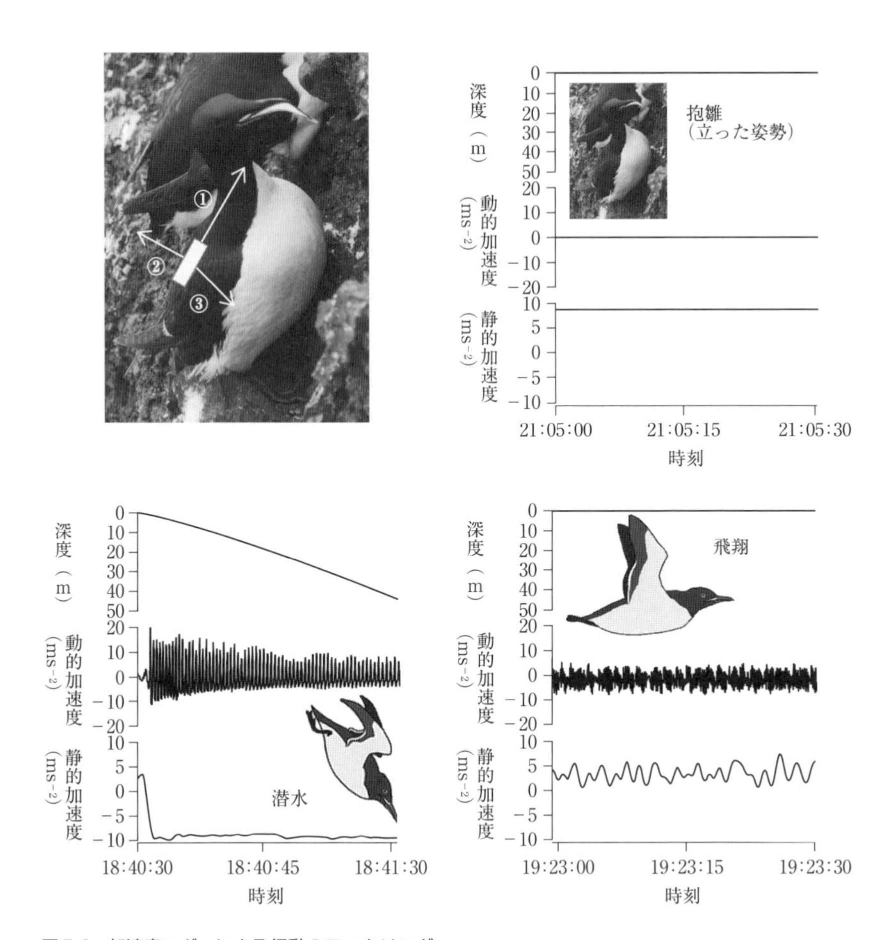

図 7.1　加速度ロガーによる行動のモニタリング

加速度ロガーは3つの軸の加速度を記録する（①前後軸，②背腹軸，③左右軸：左上）。抱雛，潜水，飛翔中のハシブトウミガラスの前後軸の加速度記録（右上，右下，左下）。動的加速度は羽ばたきにともなう体の前後の動きを，静的加速度は体軸角度を反映する。

package で行うのがよい。動的加速度や静的加速度を使ってヨーロッパヒメウの行動を分類した例が詳しく解説されている（Sakamoto *et al*., 2009a；論文のウェブサイトには日本語版論文も掲載されている）。

7.4　捕食のタイミングと捕食量

海鳥がいつ，どれだけの量の餌を捕食しているか，その正確なタイミングと量を連続して測るのは，繁殖地での餌の採取や採食行動の直接観察では不可能である。バイオロギング技術はその測定を可能にした。まず，温度ロガー（temperature logger）を調査個体の胃の中に挿入し，胃内温度の変化を計測することで捕食のタイミングと捕食量を推定する手法が開発された（Wilson *et al.*, 1992）。この手法は，魚やオキアミなど海水温と同じ温度の餌が胃に入ると胃内温度が低下すること，さらに熱容量の大きい，つまり大きなサイズの餌を飲み込んだ後ほど胃内温度が回復する速度が遅いこと，の2点を利用している。胃内温度の測定は，これまで，ペンギン科，ウ科，アホウドリ科など比較的大型の海鳥を対象に行われてきた（Bost *et al.*, 1997; Grémillet *et al.*, 2000; Catry *et al.*, 2004）。胃内に挿入したロガーの回収は，胃洗浄法（5.4節）あるいはマグネットを使って引き出す方法が用いられる。しかし，胃のサイズが小さい小型の海鳥に胃内温度ロガーを挿入するのは難しい。また，小さなサイズの餌を次々と飲み込むようなタイプの捕食では，胃内の温度低下が小さいため検出が難しい（Wilson *et al.*, 1995）。

そこで，小さな餌の飲み込みを検出するため，食道に温度センサーを複数配置し，餌が通過するタイミングをより精度よく検知しようという手法も試みられた。キングペンギンにおいては，温度センサーを食道の側面に手術して埋め込み，その温度変化から比較的小さな餌の飲み込みも検出できることがわかった（Charrassin *et al.*, 2001）。しかし，手術によるセンサーの配置は技術を必要とするうえ動物に負担をかける。その後，ロガーは胃内に挿入し，ケーブルで延ばした温度センサーが食道の位置にくるようセンサーを糸でつり上げるという方法もアデリーペンギンで用いられた（Ropert-Coudert *et al.*, 2001）。糸は嘴から体外に出し，頭に固定される。この方法によって，オキアミのような小さな餌を食べるペンギンの採食タイミングが時間精度よく捉えられるようになった。ただし，データロガーが胃内から吐き出されてしまうことも多く，この方式はペンギンでしか成功していない。

捕食のタイミングを記録することを目指して，次に開発されたのが嘴角度ロ

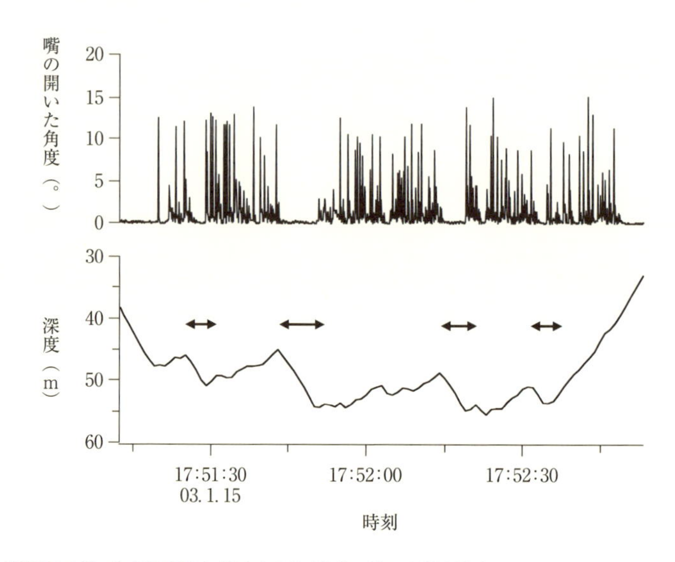

図7.2　嘴角度ロガーから得られた潜水中のヒゲペンギンの嘴の動き
ペンギンが潜る時（矢印）には嘴があまり動かず，浮上してくる時によく嘴が動く（餌をとっている）ことが読み取れる（Takahashi *et al*., 2004a を改変）。

ガー（beak angle logger）である。これは嘴の片方に磁石を，もう片方に磁気センサーを接着し，海鳥の嘴の開閉を磁場の強度の変化として捉えるという原理である。高頻度（>16 Hz）で磁場の変化を記録することで，餌の捕食や呼吸に関係した海鳥の嘴の動きを細かく記録できる。ペンギンやウの仲間では，深度センサーを同時に装着し，水中での嘴の開閉は捕食であると仮定して，捕食のタイミングや回数の計測が行われている（Simeone and Wilson, 2003; Takahashi *et al*., 2004a; Shepard *et al*., 2010；図7.2）。この手法の問題点は，嘴に磁石と磁気センサーを取りつけるのが難しく，採食トリップ中に脱落が多いことである。

最も新しい手法として，加速度ロガーで頭の動きを記録する手法がある（Kokubun *et al*., 2011; Watanabe and Takahashi, 2013）。ロガーが小型化された結果，ペンギンなどの比較的大型の海鳥では頭部に加速度ロガーを装着し，体全体ではなく頭部の加速度変化を記録できるようになった。これを背中につけたビデオロガーによる捕食記録と照合することで，ペンギンがいつ，何を，どれだけ食べたかを明らかにすることが可能となった（図7.3，口絵6）。今後，

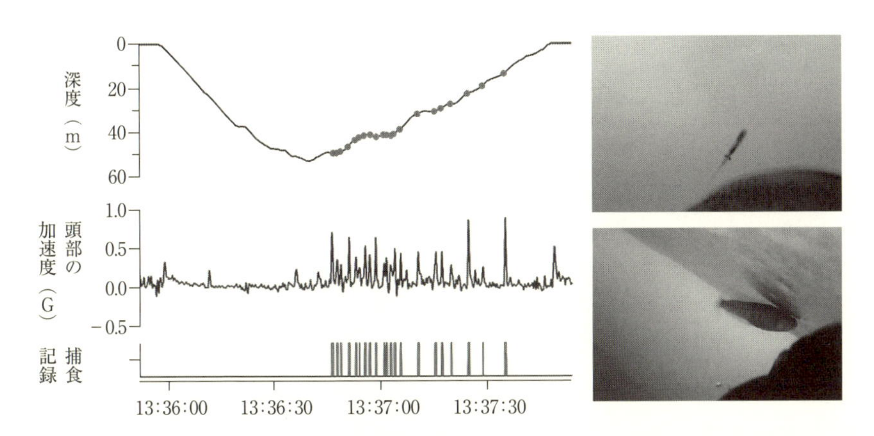

図 7.3 アデリーペンギンの潜水中の捕食記録の例
頭の加速度変化から捕食記録を抽出し，ビデオ映像（右上：オキアミ，右下：魚の捕食の瞬間）と照合する。 →口絵 6

この手法の他種への応用が期待される。

飛翔性海鳥に対象が限定されるが，飛翔中の羽ばたき周波数の変化から捕食量を見積もろうという試みもされている。Sato *et al.* (2008) は加速度ロガーを用いて，ヨーロッパヒメウの飛翔中の羽ばたき周波数を記録し，その推移から体重変化を推定した。これは翼面積や羽ばたきの振幅が一定と仮定すれば，鳥の体重と羽ばたきの周波数との間には比例関係があるという理論的予測に基づいている。羽ばたき周波数から採食トリップ中の体重の増減が明らかになり，そこから餌の捕食量を細かく推定することが可能となる。現在，この手法の推定精度を検証する実験が進められている。

7.5 採食環境

海鳥が採食している時の周辺環境を，カメラやビデオロガーによって画像・映像として捉えようとする試みも行われている。海底で採食するヨーロッパヒメウでは，背中に装着したカメラロガーで静止画像を数秒おきにとることで，採食しているマイクロハビタットを岩礁地帯と砂地に分類することができる（Watanuki *et al.*, 2008）。画像・映像から餌の密度を直接計測することは，画像ごとの被写界深度のばらつきや解像度の粗さの問題があり，現時点では難しい。他個体と協力した採食行動を行っているか（Takahashi *et al.*, 2004b），漁船のまわりで餌をとっているか（Votier *et al.*, 2013）など，採食時の周辺の環境についての情報が取得されている。画像・映像をとるデータロガーの小型化は著しく，現在，最小で15 gのものがある。国内の海鳥でもオオミズナギドリ，ウミネコ，ウトウ，カツオドリでビデオロガーを用いた調査が始められている。

データロガーの温度センサーによって採食している場所の水温を計測し，採食行動との関連を調べることもできる（Watanuki *et al.*, 2001）。ペンギンやウミガラスなどの潜水性海鳥にとって，水温が急速に変化する温度躍層は，餌生物量が比較的多く，採食にとって重要な環境である（Charrassin and Bost, 2001; Takahashi *et al.*, 2008；図7.4）。深度・温度ロガーを使ってハシブトウミガラスの潜水行動と水温との関係を複数年調べた研究では，温度躍層が見られる深度に年間差があり，それに対応してウミガラスの採食深度も年間で変化することが示されている（Kokubun *et al.*, 2010b）。

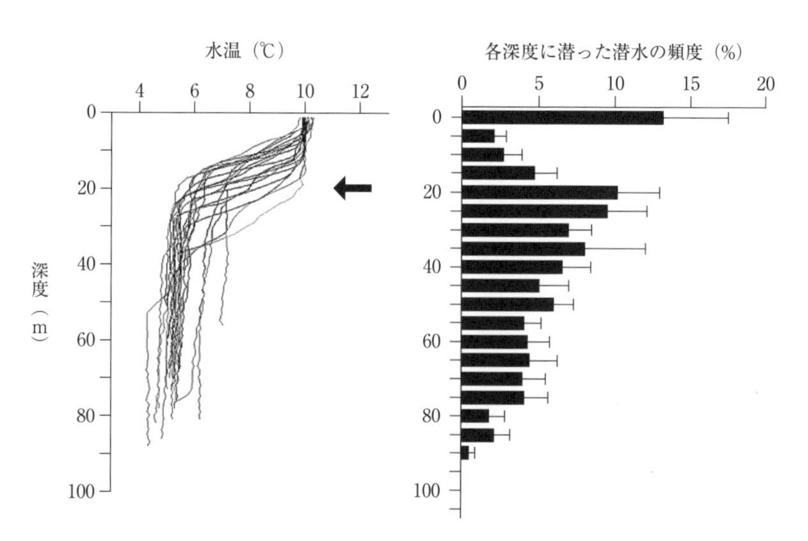

図7.4　ハシブトウミガラスに装着した深度・温度ロガーから得られた水温の鉛直プロファイルとその場所での潜水深度の頻度分布

急激に水温が下がる温度躍層（矢印）の直下によく潜って餌をとっている（Takahashi *et al.*, 2008を改変）。

7.6　採食中の生理状態とエネルギー消費

呼気の酸素濃度と換気速度を調べて酸素消費量を測定する一般的なエネルギー消費の測定方法は，野外で自由に生活する海鳥には使えない。二重標識水法を使って野外で生活する海鳥の酸素消費速度が推定されているが，1日の平均値しかわからず，飛行や休息など各々の行動をとる間の酸素消費速度はわからない。5.9節で簡単に紹介したこれらの手法の欠点を解決するため，体温，心拍数を計測するデータロガーを用いて採食中の海鳥の生理状態やエネルギー消費を推定する手法が開発されてきた。体温のデータロガーは，外科手術によって動物の体内に埋め込む必要がある。ペンギンでは体温ロガーにより，潜水中に体芯部の温度が数℃～十数℃低下していることが明らかとなった。これは潜水中の酸素消費を抑え，長く潜水するための生理的しくみだと考えられている（Handrich *et al.*, 1997; Green *et al.*, 2003）。心拍ロガーは体内に埋め込むタイプ（Green *et al.*, 2003）と，体外から皮膚に測定用電極を固定するタイプ（山本ほか，2012; Sakamoto *et al.*, 2013）がある。心拍数と酸素消費速度にはよい相関関係があることが実験室内での計測で明らかになっており，活動中のエネルギー消費を計測する方法として，心拍数の計測は有効である（詳しくは Butler *et al.*, 2004 のレビューを参照）。

動物の加速度の記録から，活動中のエネルギー消費を推定しようという試みも行われている。先に述べたように，加速度ロガーにより前後軸（surge），背腹軸（heave），左右軸（sway）の3軸の加速度のデータを得ることができる。これらの動的加速度をそれぞれ抽出し，その絶対値を単純に足し合わせた値をODBA（Overall Dynamic Body Acceleration）と呼ぶ（Gleiss *et al.*, 2011）。このODBAの値は簡単にいうと「体がどの程度激しく動いているか」を示し，体が激しく動いている時ほど，エネルギー消費が高いだろうと予測される。実験室内あるいは飼育環境下において，動物に歩行や飛翔といった運動をさせ，ODBAと酸素消費量を同時に計測した結果，両者の間にはよい相関関係があることが報告されている。ここで得られた関係式から，加速度ロガーを使って野外で動き回る動物の時々刻々のエネルギー消費を推定しようというわけである。この手法を用いる注意点としては，歩行や飛翔，遊泳といった運動のタイプごとにODBAとエネルギー消費の間にどのような関係があるかを確かめる必要があること，ODBAでは静止時のエネルギー消費は見積もれないことである。海鳥においては，野外で行動するハシブトウミガラスにおいて，ODBAを用いることで運動のタイプごとのエネルギー消費をうまく推定できることが示されている（Elliott *et al.*, 2013）。

Box 7.1

「海鳥の目線」で採食行動を調べる

動物装着型のカメラロガーやビデオロガーは，従来は100g以上と重いうえ形状も大きく，海生哺乳類など大型の種でしか利用できなかった（Moll *et al.*, 2007）。しかし，近年急速に小型化が進んだことで，「海鳥の目線」で採食行動を調べることが可能になってきた。画像・映像は，深度や加速度といったセンサーの値ではわからない直接的な採食行動の情報が得られるので，予期していなかった海鳥の採食行動が明らかになることも多い。亜南極に生息するマユグロアホウドリにカメラを取

図　マユグロアホウドリに装着したカメラロガーから得られた写真

(a) 海上を飛ぶ，(b) 氷山に遭遇，(c) シャチ（矢印）を追いかけるアホウドリ，(d) カメラを装着した個体の前を飛ぶアホウドリ（Sakamoto *et al.*, 2009b）。→口絵7

りつけた研究からは，アホウドリがシャチを追いかけて海表面の餌をとる様子が明らかになった。マユグロアホウドリの胃内容物からは深海性の魚が出現することがあり，シャチのような潜水性捕食者が海表面に食べ残した魚を利用していることが示唆されている（Sakamoto *et al*., 2009b；図，口絵 7）。

青森県蕪島に生息するウミネコにビデオロガーを取りつけた研究では，ウミネコが海上で魚などの自然からの餌をとる以外にも，市街地の民家で人から与えられた餌をとる様子などが捉えられた（Yoda *et al*., 2012）。GPS ロガーと 1 分おきに画像を記録するカメラロガーを使って英国のシロカツオドリの採食行動を調べた研究では，採食トリップ中の地域限定探索行動のうち 42% が漁船の近くで生じていたことがわかった（Votier *et al*., 2013）。バイオロギングは直接観察することが難しい海の動物の行動を捉えるために，深度・加速度などを計測するさまざまなデータロガーを生み出してきたが，カメラ・ビデオロガーの登場で，再び動物の行動を直接観察するという原点に戻ったともいえる。今後，「海鳥の目線」での採食行動の記録は，海鳥の行動・生態の研究，また保全活動にとって重要な情報源となるだろう。

第8章 船からの目視による分布調査

8.1 はじめに

長年の海鳥分布調査の結果から，気候や漁業活動の長期的変化が海洋生態系に与える影響の一端がわかってきた。たとえば，カリフォルニア沿岸部で越冬するハイイロミズナギドリの数が1987年から1994年にかけて激減したが，これは温暖化により越冬海域が変化したせいかもしれないと考えられている（Veit *et al.*, 1997）。また，ベーリング海における漁業活動の中心がより北部に移ることで，そこから投棄される魚のあらなどに依存するフルマカモメの分布も変化したとされている（Renner *et al.*, 2013）。海鳥の目視調査は，同じ船で実施される他の海洋観測を妨げることはなく，また，フェリーや商船などでも実施できる。種の特定は若干の訓練で十分可能になる。したがって，大きな費用をかけることなく，こういった機会への便乗によっても長期的な分布データを積み上げることができる。その際に肝心なのは，データの信頼性を保ちつつ一定の手法でデータを得ることと，データベースを整備することである。北太平洋では米国地質調査所 US Geological Survey で管理している North Pacific Pelagic Seabird Database（NPPSD）がある。今のところ我が国ではこうしたデータベースは整備されていない。

8.2 ベルトトランセクト法

船からの目視によって海鳥の密度を調べるためには，**ベルトトランセクト法**が使われる。調査海域の観測線上を，一定の船速（10ノット程度が推奨されている）で航行しながら，船首方向より正横方向までの定まった**観測範囲**（図8.1）に出現する海鳥の種類と数を，船の風下側のコンパスデッキやブリッジか

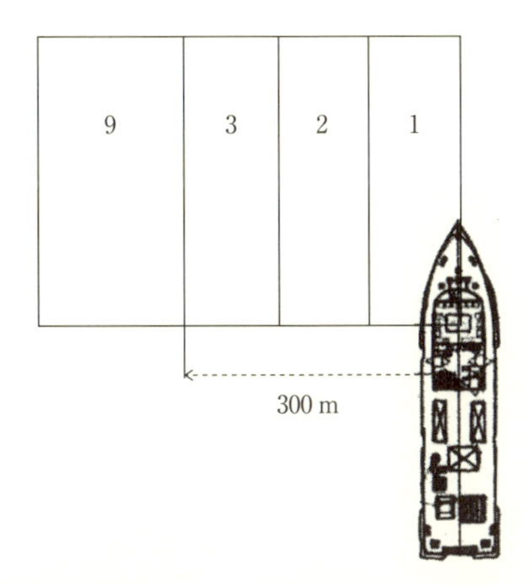

図 8.1 船から海鳥を数える際の観測範囲
船からの目視によって海鳥を数える際にはベルトトランセクトを使う。コンパスデッキの高さが 10 m 以上であれば，小型のウミツバメ類を見逃さない範囲として 300 m のベルトを使う。その中を 100 m ごとに区切って，その小区画（1〜3）も記録する。300 m より遠くでの発見は小区画 9 としてできるだけ記録するが，密度の計算には入れない。

ら目と双眼鏡（8〜10 倍）で確認して記録する（図 8.2）。船の動揺が大きい，あるいは風が強い日の観察には，手ぶれ防止機能がついた双眼鏡が便利である。ただし，風浪階級が 3 を超え白波が多い場合や波高が 3 m 以上ある時は，着水あるいは海面近くを飛行する個体，特に小型のウミスズメ科を見逃すので，観察をやめる。

観測範囲は，小型のウミスズメ科，ウミツバメ科などを見逃さない経験値として，通常，観測点から 300 m までとする。ただし，目的や熟練度，調査対象種（アホウドリ類など大型種に限定した場合など）によって観測範囲を 500 m としてもよい。突然の霧などで視界が限定された場合は，その間の目視範囲を狭め，100 m などとする。海上での距離感覚は慣れないとつかみづらい。目視距離を知るためには，**スティック法**を使う（図 8.3）。観察する際の水面から目までの高さを h，肩から親指までの長さを L（0.6 m）としたとき，観察者の位置から海面で測った観測範囲が d（300 m）となるよう，目印をスティック（割り箸など）の先端から S の距離につける。スティックの先端を水平線に合わせると，目，スティック先端，水平線を結ぶ線は海面と水平と見なせるので，$S=h\times L/d$ である（図 8.3）。たとえば，コンパスデッキで観察する場合，床から

図 8.2　船からの目視観測の実習風景
船のコンパスデッキから海鳥の目視観測を行う。種の同定には双眼鏡を使う。帽子，耳当て，ジャケット，手袋など防寒対策をしっかりする。海は意外と眩しい。長時間目を凝らす必要があるので，サングラスは必需品である。北海道大学水産学部練習船おしょろ丸にて。

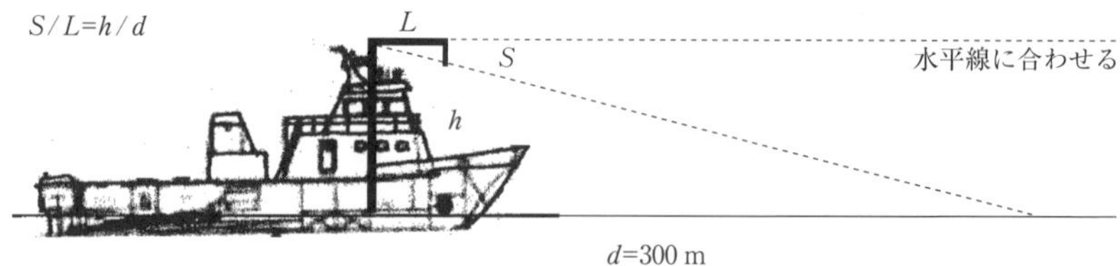

図 8.3　船から観測範囲（距離）を定める方法
観測範囲を目測するにはステック法を使う。手に垂直にスティック（割り箸）を持って，目線の先にスティックの先端と水平線が重なるように構え，自分の目の水面からの高さ（h）と目からスティックまでの長さ（L）を使って，自分の位置から 300 m の海面がその先にくるスティックの位置にマーク（先端からの長さ S）をつけ，それを目安にする。

目までの高さが1.5 m で，水面から観察者の立っているコンパスデッキの床面までの高さが 10.0 m なら h は 11.5 m である。観測範囲 d を 300 m とする時，S は 0.023 m であり，スティックの先端から 2.3 cm のところにマークをつける。つまり，腕を水平に伸ばしスティックを鉛直に手に持ち，スティックの先端を水平線に合わせて，S マークに置いた目線が海面に交差する点が観察者から水平距離で 300 m である（図 8.3）。このスティック法に加え，10 ノットにて航走した時，300 m 進むのに 59 秒かかることを覚えておくのも距離感覚を覚えるのに役立つ。

8.3 目視と記録

目視観察はできれば 2 名 1 組で行い，1 名が観察して種判別と計数を行い，他の 1 名は野帳に記録する（図 8.4）。観測中，裸眼で海上の鳥を発見し，発見したら双眼鏡にて観察する。双眼鏡で遠くの海鳥を見つけようとする必要はない。記録の単位時間は 1 分とする。実際のところ野帳に記録する場合，1 分以下の精度で記録するのは難しい。観測範囲内に**着水個体**を発見したら，発見距離（100 m 以内，100～200 m，200～300 m をそれぞれ 1，2，3 のコード），種名（コード名），個体数（100 羽以下の群では 1 羽単位，100～500 羽の群では 10 羽単位，500 羽以上の群では 100 羽単位），行動（採食，休息など）を記録する。集団採食（多数が 1 つの餌パッチで採食しているのが一見してわかる）していた場合，それも記録する。種名コードとしては，米国鳥類連盟（AOU）で定められたアルファベット 4 文字の組み合わせコードが北太平洋では共通して使用されており，これを使うのが便利である。たとえば，ウトウ（Rhinoceros Auklet）は RHAU である。表 8.1 に北日本の沿岸から陸棚域でよく見られる海鳥のコードを示した。

着水個体の採食行動については，必要に応じてさらに詳しく記録する（Ashmole, 1971；図 5.2 参照）。海面に降りて水面に浮いている動物プランクトンなどの小さな餌をついばむ（表面ついばみ），低空から降下してこれらをくわえてすぐに飛び上がる（空中ついばみ），カツオドリなどのようにある程度の高さから落下しながら重力を利用して加速し，慣性力によって水中数メートル

航走時海鳥目視観察記録　No. 3

Date: 9/27　Vessel: みらい (Upper Bridge) SST: 19.8 ℃　Observer: 西沢
Weather: 晴れ　風向: 240°風速: 7 m/s 船速: 11 knot　(Port Starboard)
No

時刻	海鳥種名	個体数	行動	Bin	採食	備考	写真
9:05	オオナギ	1	着水・飛翔・スキャン・ダブルスキャン	1			
9:08	オオナギ	5	着水・飛翔・スキャン・ダブルスキャン	2			
9:15	コアホウ	2	着水・飛翔・スキャン・ダブルスキャン	3			
9:20	オオナギ	1	着水・飛翔・スキャン・ダブルスキャン	3			
9:21	オオナギ	250	着水・飛翔・スキャン・ダブルスキャン	2		〔illegible〕	○
9:21	[illegible]	30	着水・飛翔・スキャン・ダブルスキャン	2			
9:30	ハイナギ	10	着水・飛翔・スキャン・ダブルスキャン	3			
31	ハイナギ	300	着水・飛翔・スキャン・ダブルスキャン	3			
9:48	オオナギ	28	着水・飛翔・スキャン・ダブルスキャン	3		Plunging　イルカつき	
10:01	ウトウ	5	着水・飛翔・スキャン・ダブルスキャン	1		Diving	
10:05			着水・飛翔・スキャン・ダブルスキャン			潮目	
10:06	ウトウ	20	着水・飛翔・スキャン・ダブルスキャン	3			
			着水・飛翔・スキャン・ダブルスキャン				
			着水・飛翔・スキャン・ダブルスキャン				
			着水・飛翔・スキャン・ダブルスキャン				
			着水・飛翔・スキャン・ダブルスキャン				
			着水・飛翔・スキャン・ダブルスキャン				
			着水・飛翔・スキャン・ダブルスキャン				
			着水・飛翔・スキャン・ダブルスキャン				
			着水・飛翔・スキャン・ダブルスキャン				

図 8.4　海鳥目視野帳の記入例

1時間に1回，船の位置や気象条件，観測者名，船速を書く。海鳥を発見したらその時刻（1分単位），種類，個体数，発見位置（Bin，小区画1～3）を記入する。着水，飛翔の別を書く。またスキャン時に数えた飛翔数は，スキャンにマークする。連続記録において飛行個体として数えた個体をスキャン時にも数えた場合はダブルスキャンとし，後で補正する。着水し採食していた場合はその採食行動タイプ（図5.2参照）を書く。ほかにも，異なる種が一緒に集団で採食していた（混群），イルカの群れについていた，近くに操業中の漁船がいた，などもメモにする。この例では種名をAOUのコードではなく，和名（省略形）で書いている。

くらいまで突入して表層にいるオキアミや多獲性浮魚を捕らえる（空中突入），などの採食方法を記録する。海面に浮いている大きなイカや魚（漁師が漁船上から海中に投棄した魚や，そのあらの場合もある）を食べる（表面拾い食い）こともある。潜水採食は，数秒の浅い潜水と分単位の深い潜水に分けて記録することもある。海鳥が鯨類を追跡していた場合は，鯨類の種類や数を記録する。そのほか，航行中や漁労中の船，漁船や漁具に海鳥が集まっていた場合や，海面の様子に変化（潮目，浮遊物など）が見られた際も記録しておくとよい。

こうしたベルトトランセクト法では，理想的には上から見えた数を，**観測区画**ごとに瞬間的に数えたものであるべきである。観測区画とは，観測範囲に最小分解能に相当する船の走行距離をかけたもので，最小分解能に相当する距離は，記録する時の時間分解能と船速による。先に紹介した野帳への記録では時間分解能は1分であり，10ノットで航走した場合には，観測範囲と同じ300 mの空間分解能に相当する。着水個体は比較的長時間，観測区画を通り過ぎる間

表 8.1 日本北部の沿岸～外洋域で見られる海鳥などのリストと北太平洋で使われる種名コード

種	学名	英名	コード
クロアシアホウドリ	*Phoebastria nigripes*	Black-footed Albatross	BFAL
アホウドリ	*Phoebastria albatrus*	Short-tailed Albatross	STAL
コアホウドリ	*Phoebastria immutabilis*	Laysan Albatross	LAAL
不明アホウドリ類		Unidentified Albatross	UALB
オオミズナギドリ	*Calonectris leucomelas*	Streaked Shearwater	SKSH
フルマカモメ	*Fulmarus glacialis*	Northern Fulmar	NOFU
シロハラミズナギドリ	*Pterodroma hypoleuca*	Bonin Petrel	BOPE
ヒメシロハラミズナギドリ	*Pterodroma longirostris*	Stejneger's Petrel	STPE
マダラシロハラミズナギドリ	*Pterodroma inexpectata*	Mottled Petrel	MOPE
ハジロミズナギドリ	*Pterodroma solandri*	Providence Petrel	PRPE
カワリシロハラミズナギドリ	*Pterodroma neglecta*	Kermadec Petrel	KEPE
オナガミズナギドリ	*Puffinus pacificus*	Wedge-tailed Shearwater	WTSH
ミナミオナガミズナギドリ	*Puffinus bulleri*	Buller's Shearwater	BULS
アカアシミズナギドリ	*Puffinus carneipes*	Flesh-footed Shearwater	FFSH
ハシボソミズナギドリ	*Puffinus tenuirostris*	Short-tailed Shearwater	STSH
ハイイロミズナギドリ	*Puffinus griseus*	Sooty Shearwater	SOSH
不明暗色ミズナギドリ類		Unidentified dark shearwater	UNDS
不明ミズナギドリ類		Unidentified shearwater	UNSH
コシジロウミツバメ	*Oceanodroma leucorhoa*	Leach's Storm Petrel	LSTP
クロコシジロウミツバメ	*Oceanodroma castro*	Band-rumped Storm Petrel	BSTP
ハイイロウミツバメ	*Oceanodroma furcata*	Fork-tailed Storm Petrel	FTSP
ヒメクロウミツバメ	*Oceanodroma monorhis*	Swinhoe's Storm Petrel	SSTP
クロウミツバメ	*Oceanodroma matsudairae*	Matsudaira's Storm Petrel	MSTP
アシナガウミツバメ	*Oceanites oceanicus*	Wilson's Strom Petrel	WISP
ウミウ	*Phalacrocorax capillatus*	Japanese Cormorant	JACO
ヒメウ	*Phalacrocorax pelagicus pelagicus*	Pelagic Cormorant	PECO
チシマウガラス	*Phalacrocorax urile*	Red-faced Cormorant	RFCO
カワウ	*Phalacrocorax carbo*	Great Cormorant	GRCO
セグロカモメ	*Larus argentatus*	Herring Gull	HEGU
オオセグロカモメ	*Larus schistisagus*	Slaty-backed Gull	SBGU
カモメ	*Larus canus*	Mew Gull	MEGU
ウミネコ	*Larus crassirostris*	Black-tailed Gull	BTGU
ワシカモメ	*Larus glaucescens*	Glaucous-winged Gull	GWGU
シロカモメ	*Larus hyperboreus*	Glaucous Gull	GLGU
ユリカモメ	*Larus ridibundus*	Black-headed Gull	BHGU
アカアシミツユビカモメ	*Rissa brevistris*	Red-legged Kittiwake	RLKI
ミツユビカモメ	*Rissa trydactyla*	Black-legged Kittiwake	BLKI
不明カモメ		Unidentified gull	UNGU
アジサシ	*Sterna hirundo*	Common Tern	COTE
キョクアジサシ	*Sterna paradisaea*	Arctic Tern	ARTE
コシジロアジサシ	*Sterna aleutica*	Aleutian Tern	ALTE
オオトウゾクカモメ	*Stercorarius maccormicki*	South Polar Skua	SPSK
シロハラトウゾクカモメ	*Stercorarius longicaudus*	Long-tailed Jaeger	LTJA
クロトウゾクカモメ	*Stercorarius parasiticus*	Parasitic Jaeger	PAJA
トウゾクカモメ	*Stercorarius pomarinus*	Pomarine Skua	POJA

ウミオウム	*Aethia psittacula*	Parakeet Auklet	PAAU
コウミスズメ	*Aethia pusilla*	Least Auklet	LEAU
エトロフウミスズメ	*Aethia cristatella*	Crested Auklet	CRAU
シラヒゲウミスズメ	*Aethia pygmaea*	Whiskered Auklet	WHAU
ケイマフリ	*Cepphus carbo*	Spectacled Guillemot	SPGU
ウミバト	*Cepphus columba*	Pigeon Guillemot	PIGU
ウトウ	*Cerorhinca monocerata*	Rhinoceros Auklet	RHAU
エトピリカ	*Fratercula cirrhata*	Tufted Puffin	TUPU
ツノメドリ	*Fratercula corniculata*	Horned Puffin	HOPU
ウミスズメ	*Synthliboramphus antiquus*	Ancient Murrelet	ANMU
カンムリウミスズメ	*Synthliboramphus wumizusume*	Japanese Murrelet	JAMU
ウミガラス	*Uria aalge*	Common Murre	COMU
ハシブトウミガラス	*Uria lomvia*	Thick-billed Murre	TBMU
不明ウミガラス類		Unidentified Murre	UNMU
不明ウミスズメ類		Unidentified Murrelet	UNML
ハイイロヒレアシシギ	*Phalaropus fulicarius*	Red Phalarope	REPH
アカエリヒレアシシギ	*Phalaropus lobatus*	Red-necked Phalarope	RNPH
オオハム	*Gavia arctica*	Black-throated Loon	BTLO
シロエリオオハム	*Gavia pacifica*	Pacific Loon	PALO
アビ	*Gavia stellata*	Red-throated Loon	RTLO
ハシジロアビ	*Gavia adamsii*	Yellow-billed Loon	YBLO
シノリガモ	*Histrionicus histrionicus*	Harlequin Duck	HADU
クロガモ	*Melanitta americana*	Black Scoter	BLSC
ビロードキンクロ	*Melanitta fuscata*	Velvet Scorter	VESC
コオリガモ	*Clangula hyemalis*	Long-tailed Duck	LTDU

は浮いたままと仮定できるので，船が進行していく時，発見した瞬間に記録してもあまり問題がない。しかし，**飛行個体**の記録については注意が必要である。観測区画内に入った個体を連続してすべて数え上げると，定まった観察時には入っていなかった個体も数えることになるので過大評価となる。そのため，飛行している個体については，船が観測区画距離（たとえば 300 m）だけ進んだ瞬間に，その長方形の範囲内（図 8.1）において飛行個体の数を数える**スナップショット法**（van Franecker, 1994）が使われる。船の速度に合わせ，最小分解能に相当する距離（たとえば 300 m）を進むに要する時間（10 ノットだと 300 m 進むのに 59 秒）間隔で鳴るチャイムを使い，鳴ったと同時に観測区画を見渡して（スキャン），その中を飛行している個体を瞬時に数える。スナップショット時の飛行数であることがわかるように，野帳には，その時刻とともにマークをつける。野帳（図 8.4）は連続記録とスナップショット法を併用している時の記録例を示す。

鳥が船に能動的に接近し，付き従うことを**船付き**という。船付きになりやすい鳥（アホウドリ類，フルマカモメ，大型カモメ類）では，分布密度の過大評価を生じやすい。鳥が観測範囲の外に出た後に注意して行動を追跡し，船のまわりを回っているのが確認できれば，最初に前方から観測範囲に入った場合だけを数える。ハシボソミズナギドリなどの列状の群を船が横切る時，列が乱されて鳥が船と平行に飛び続けることがある。このような場合もスナップショット法で数を数える。

海鳥目視野帳に定まった形式はない。個々に作成した使いやすい野帳に鉛筆で記入する（図 8.4）。目視観測終了後，目視野帳のデータをパソコンでデータシートに入力する。野帳には，観測開始時（なるべく定時（_:00）とする）の緯度・経度（0.1 分まで），天気（気象通報に準じる），風浪階級，真風向（8 方位），真風速，[m/s]，船速 [knot]，表面水温 [℃]，観測舷（左右のいずれか），観測範囲（通常は 300 m なので，これを変えた場合だけ記入する），視認状態（良，不良）を記入する。一定時間（1～2 時間）ごとに野帳用紙を換え，野帳用紙の通し番号を記入する。航走中の変針，速度変化（半速から全速など），観測舷の変更（室外から室内への移動も含む）等を行った際は，その時刻，緯度・経度を記入する。そのほか潮目（海上の浮遊物の帯や水色等で判断する）や浮遊物，近距離での船の通過等，海上に変化を発見した場合は時刻とともに記入する。記録者を用意できない場合，多数の海鳥が連続して出現した時には，音声レコーダーを使うとよい。パソコンを使って専用のソフトを利用して入力すると，1 人で観察と記録を同時に行える。位置と時刻は船の航海情報システムあるいは携帯 GPS から取り込むことができるので，これらを記録する必要がない。Windows 上で動く入手可能な専用ソフトとしては，DLOG3 など（Glenn Ford Consulting, Portland, Oregon）がある。

8.4　海鳥密度の計算

密度を計算できる最小の観測区画は，スナップショットで想定する区画と同じ（たとえば 300×300 m）としておくのがよいだろう。観測区画ごとの密度計算をする際，船の速度記録を使って走行距離を計算し，観測区画の区切り時刻を決める。霧のため見通しが悪く，観測区画距離を短くした場合にも対応するため，平方キロ当たり個体数に換算するのがよい。必要に応じて，観測区画を1 kmや10 kmといった空間スケールに統合し，これらの空間スケールのブロックで密度を求めることもできる。

密度を求めた後に，海鳥の密度がどういった海洋環境（表面水温など）と関係しているかを分析したい場合がある。その際，調査海域に海鳥が繁殖する島などがある場合には，島で繁殖している種の分析には注意が必要である。6.5節では，繁殖地周辺は，出入りする個体の密度が自動的に高くなることを述べた。さらに，海鳥の各個体が，島からさまざまな方向に満遍なく，さまざまな距離を飛行して着水し，採食すると仮定すると，同心円状のブロック内の鳥の数はどの距離でも同じと想定され，島に近いほどブロックの面積は小さいので，密度は島に近いほど高くなる。同心円ブロックの幅を十分小さくとれば，近似的に微分したことと同等になり，密度は繁殖地からの距離に反比例すると予測される。海洋環境要因と海鳥の密度との関係を調べる際には，この効果を補正する必要がある（Kinder *et al*., 1983; Decker and Hunt, 1996）。予測密度（D_i）は繁殖地からの距離に反比例すると仮定し，以下の式を用いて計算できる。

$$D_{\mathrm{total}} = \sum_{i=1}^{n} D_i = \sum_{i=1}^{n} k \times \frac{1}{x_i} \tag{8.1}$$

上式において，D_{total}は観察された海鳥の1 km^{2}当たりの密度のすべての観測区画の総和，nは観測区画の総数，D_iはi区間における予測密度，x_iはi区間の中心から繁殖地までの距離である（図8.5）。実際の各観測区画で実際に得られた海鳥密度の総和であるD_{total}が，各観測区画の予想密度の総和に一致するよう定数kを決める。こうして求めた各観測区画の予測密度と実測値のずれ，すなわち**アノマリー密度**を求め，これと餌密度などとの関係を分析する。当然ながら，非繁殖期の分布や，繁殖期でも繁殖地から遠い海域における分布を分析する際は，この補正は必要ない。

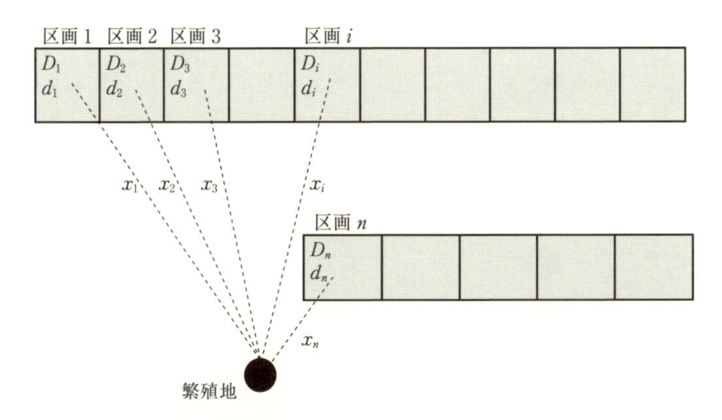

図 8.5 繁殖する種類をその繁殖地周辺において船からの目視でベルトトランセクト法でセンサスした場合に各区画での予測密度を求める方法

d_i は区画 i の実測密度，x_i は繁殖地からその区画 i までの距離，D_i は区画 i の予測密度。1 から n まで n 区画を目視したとする。海鳥の総個体数 D_{total} は $\sum d_i$ で求められる。D_i の求め方は本文参照。

8.5 海洋環境

次に，海鳥の分布に影響する環境要因の解析について述べる。航行中，天候，波，風力・風速などの航海情報（8.3 節）に加え，調査船では，表面海水連続モニタリングシステムによって表層水（取り入れ口の深度）の温度，溶存酸素濃度，電気伝導度（塩分濃度の指標）や蛍光光度（クロロフィル色素量の指標）が連続測定されている。連続記録されたこれらの値は，バケツで採水した海面海水の水温，塩分濃度，クロロフィル濃度でキャリブレーションしておく。科学魚群探知機（Simrad EK/60 など）による餌生物密度の音響測定が行われている場合もある。音響測定では複数の周波数の超音波を使い，後方散乱強度から動物プランクトンと魚類を識別して，相対密度を推定できる。さらにプランクトンネットや中層トロールによる餌生物の採取を実施すれば，その結果を使って種類やサイズも推定できる。これらの連続データは秒から分単位で記録されるので，海鳥の密度を計算した最小スケール（つまり観測区画のスケールである 300 m）において，たとえば魚の密度と海鳥の密度との関係を解析できる。こういった連続データに加え，10 マイルごとなど，定まった点において CTD

観測（測器を下ろして温度，溶存酸素濃度，電気伝導度や蛍光光度の水深による変化を測る）が実施され，プランクトンネットによるプランクトン採取，場合によっては表層・底層トロールによる魚類などのサンプリングが行われる。

また，事後的に，衛星画像からもさまざまな海洋環境データを得ることができる。これら衛星から得られる情報のうち，餌生物の分布に影響しそうな表面海水温（SST），表面クロロフィル濃度（SSC），海面高度アノマリー（SSHAs）が重要な環境情報としてよく使われる。SSHAsは海流や海洋渦などの指標となる。さらに，海底地形もよく使われる。SSTとSSCはModerate Resolution Spectroradiometer（MODIS）/aqua Standard Mapped Images（SMI）として，時間分解能1日，空間分解能4kmで得られており，Ocean Color web（http://oceancolor.gsfc.nasa.gov）から得ることができる。SSHAsはmaps of sea level anomalies processed by the Archiving, Validation and Interpretation of Satellite Oceanographic data（AVISO），scientific team of Collecte, Localisation, Satellite（CLS）/Center National d'Etudes Spatiales（CNES）として（http://www.aviso.oceanobs.com/）に公開されており，時間分解能7日・空間分解能0.25°である。

観測海域が雲に覆われたりして衛星画像データが得られていない日があるので，たとえば15日間の平均値として，任意の空間スケールで，SeaDAS version 6.2などの海色データの解析ソフトを使って海洋環境データを求めることができる。その際，再サンプリングして，たとえば，SSHAsデータを他と同じ4kmの空間分解能に変換しておくと便利である。SSTやSSCの傾斜が大きいフロントをmarine geospatial ecology tool based on Cayula-Cornillon algorithm（ArcGIS 10.0, ESRI, USA），を使って求め，そこから各区画（観測区画やこれらを統合した区画）までの距離をspatial join function in analysis tools（ArcGIS 10.0）などで計算し，フロントからの距離を環境データとして使うこともできる。また，海底地形は各ブロックの平均深度や平均傾斜，あるいは陸地や海山からの距離として計算するか，陸棚，陸棚斜面，海盆などと類別化する。

8.6 ハビタットモデリング

海鳥の密度に影響する環境要因を探す場合は**ハビタットモデリング**の手法を使うのが一般的である（図 8.6)。この手法を海洋環境に適用することについての日本語の解説としては，村瀬・清田（2014）などがある。ここでは応答変数としての海鳥目視データの特徴について簡単に述べる。やり方としては，応答変数を各ブロックの海鳥密度，説明変数を先述の SST，SSC，SSHAs，海底深度などとして，GLM や GAM などのモデルに当てはめる。

まず，空間スケールを統一する必要がある。海鳥の密度や後方散乱強度，船が連続測定した表面水温やクロロフィル濃度は最少 300 m スケールで計算さ

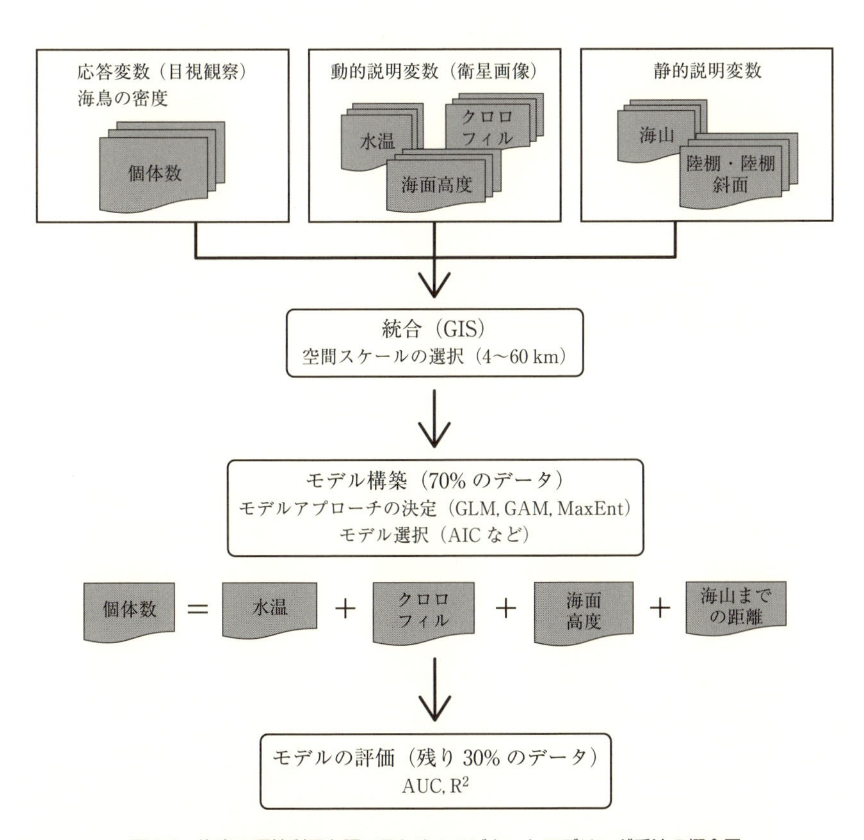

図 8.6　海鳥の環境利用を調べるためのハビタットモデリング手法の概念図

れる。動物プランクトン密度やCTDのデータはたとえば10マイルごとに得られ，衛星から得た環境情報は4〜9 kmなどのスケールなどで求められている。こうした場合，調査区全体を10マイルのブロックに分けるなどして，ブロックごとにこれらの値を計算し直す。海鳥の密度は，各ブロック中の観測区画の密度を平均して使う。

続いて，各ブロックの海鳥密度，つまり応答変数を適切な分布に変換する。ポアソン分布を想定し，正規分布に近似するために，対数変換などがよく使われる。区画内の生物数のカウントデータではゼロ過剰・負の二項分布に当てはまることが多い（Sileshi, 2008）。この場合，推定変量と標準誤差にバイアスが生じたり過剰分散を生じたりする（Zuur, 2009）。目視観測による海鳥分布データでも密度0のブロックの取扱いには注意が必要である。クロアシアホウドリの分布を主要分布海域で調査した場合，0を含むデータにおいて二項分布の当てはまりがよいようであった（図8.7）。

影響要因の解析にあたっては，応答変数に空間の自己相関がないかもチェックする必要がある。海鳥ではその分布がパッチ状で，狭い海域に集中することがある。あるブロックの密度が隣のブロックの密度と独立でないことがあり（Schneider, 1990），その場合nullモデルを誤って拒否してしまい，密度とハビタットの関係を実際以上に強く見せかけてしまう（Hurlbert, 1984）。自己相関の判定にはモランの指数を使う。この指数は −1（負の自己相関）〜+1（正の自己相関），をとり，有意でない場合は，空間構造がないことを示す（Sokal and Oden, 1978）。有意であった場合，自己相関がなくなるまで区画のスケールを大きくし，そのスケール以上で分析する。説明変数については多くの変数を使うので多重共線性をVariance Inflation Factor（VIF）などでチェックしておく。これらの変数の特性を吟味してから，使うべきモデルを決める。応答変数は海鳥では密度として計算されているので，GLMやGAMが使える。そのうえでモデル選択をAICなどで行い，適切なモデルを見つける作業を行う。得られたモデルの評価は，同じ海域で，あるいは隣接する海域で，別に得られた環境データセットをこのモデルに当てはめて，観察された応答変数をどのくらいうまく説明するかをAUCやR^2を使って判断する。評価のために新たにデータを得るのは大変なので，すでに得られているデータからランダムサンプリ

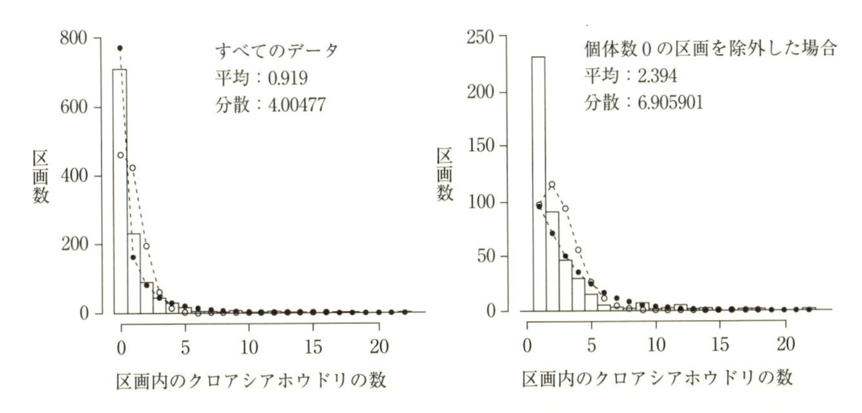

図 8.7　北太平洋西部で実施した海上センサスで得られた各々の区画のクロアシアホウドリ個体数の分布

この例では，区画は 20 km である。右は個体数が 0 の区画を除外したデータ。実測値の平均に基づく期待されるポアソン分布（○）と実測値の平均と分散に基づく期待される負の二項分布（●）も示す。

ングによって 3 分の 2 を選んでモデルを作り，残り 3 分の 1 のデータでモデル評価する，といったことを行う。

6 章で述べたように，データロガーなどを使った研究によって海鳥個体の追跡データが多く集まってきている。これらも分布・密度データの 1 つである。追跡データによる分布情報を使って，海洋環境変化と海鳥の分布との関係を解析できるかもしれない。追跡データは繁殖個体から得られた場合が多い。その場合，繁殖期間中は中心である繁殖地周辺の利用度が高くなるというバイアスは，先の 8.4 節で述べた手法で解決できるだろう。しかし，追跡データをハビタットモデルに使う時には，これ以外にも重大な問題がある。まず，追跡データの個々の位置は独立ではない点である。たとえ，何万点も位置データがあったとしても（GPS ロガーの場合しばしばそうである），それはある 1 個体のデータである。これは，個体を変量効果とした GLM 解析で解決できる問題なのかもしれない。次に，追跡データはその個体が行った場所のデータしか得ることができない点である。行ってない場所は，本当に集団中のどの個体も行ってないのか，たまたま GPS データロガーをつけたその個体が行かなかっただけなのかを吟味しなければならない。これについては，各位置データを在データとして扱い，不在データを必要としないMaxEntなどの統計手法を使うことで解決できるかもしれない。これらが解決できれば，今進められている，海鳥追跡データを使って海洋の生態学的・生物学的重要海域を定義しようとする試み（6章参照）がさらに説得力のあるものとなるだろう。

このような追跡データを使う利点はほかにもある。1つは，追跡データの場合，これらの個体の繁殖地，性や年齢はわかっておりモデルに組み込めるので，繁殖地，性・年齢差によってハビタット利用に差がある場合には説明力が上がる点である（Yamamoto *et al.*, 2015）。2つめは，追跡データには時間軸がある点である。これはライントランセクト法で得られる静的な分布データと大きく異なる。静的分布は，個体が移動した結果を観察しているものである。追跡データを使えば，たとえば，各々の個体が次の1時間あるいは1日でどういった水温のハビタットに移動するか，そのルールを分析できる。海洋環境は常に変動しており，水温分布が1日単位でわかれば，海鳥の環境選択のメカニズムが理解できるかもしれない。

こうしたハビタットモデリング手法は，これまでの研究や経験に基づく環境要因と海鳥の密度の間の何らかの因果関係を想定して行われるものであるが，得られた関係性，たとえば，海鳥の密度と海面高度やクロロフィル濃度の関係の解釈は慎重に行わなければならない。クロロフィル濃度の高い海域に海鳥が多いのは，おそらく餌である魚も多いからだろう。また，餌生物が集まるのは，海流や湧昇，潮汐流などによる輸送による場合もあるだろう。オオミズナギドリなど表面採食者は，イルカ類に海表面へ追い上げられた小魚を狙うことも多いし，アホウドリ科はトロール船の網からこぼれた魚を餌とすることもあるだろう。慎重な議論を要する課題である。

ハビタットモデリングの最終目的は，海鳥を観察できていない海域の海洋環境が衛星データから得られている場合に，その海域の海鳥の分布を外挿的に予測することである。さらに，気候変化の将来予測によってある海域の50年後の海洋環境が予測されている場合，それを使って海鳥の分布が50年後にどう変わるかを将来予測することである。現在これらの予測がどの程度の精度なのかが課題となっている。海鳥に関する実際の研究例では，ある繁殖地の個体で得られたハビタットモデルを他の繁殖地の個体に外挿した場合，予測された分

布は実際に測定された分布とは異なっていた例が報告されている（Torres *et al.*, 2015）

Box 8.1

ハシボソミズナギドリとウトウの分布

北海道北西部日本海では，動物プランクトン食者であるハシボソミズナギドリが4月終わりから5月中旬まで渡り途中に滞在する（Box 6.1）。一方，この海域には魚食者であるウトウの世界最大の繁殖地，天売島があり，ウトウは4月から8月上旬まで繁殖する。ハシボソミズナギドリの分布は表・中層の動物プランクトンに，ウトウの分布は表中層の魚に影響され，餌と海鳥の分布の関係性は，長期間その海域を利用する繁殖期のウトウのほうが，短期間しかその海域にとどまらない移動期のハシボソミズナギドリより強いと予測される。この予想を確かめるために筆者らは，両種がともに分布する5月に，両種の分布とそれに影響する環境要因を，空間スケールを変えながら解析した（倉沢ほか，2011）。

目視観測は，北海道区水産研究所の調査船北光丸に便乗し，日中だけ行った。調査中に科学魚群探知機で収録された2周波の音響データから餌生物密度を，海洋観測から海表面水温（SST）分布を求めた．また，調査時期のクロロフィル a 濃度を衛星画像から得た。ハシボソミズナギドリの密度はプランクトンの分布密度の指標である 200 kHz の後方散乱強度と正の相関があり，10 km スケールで相関係数が最も大きかった（図）．また，このスケールでは 200 kHz 後方散乱強度と SST，クロロフィル a 濃度に負の相関が見られたが，ハシボソミズナギドリと SST やクロロフィル a 濃度との相関は見られなかった。これは，ハシボソミズナギドリは渡り期

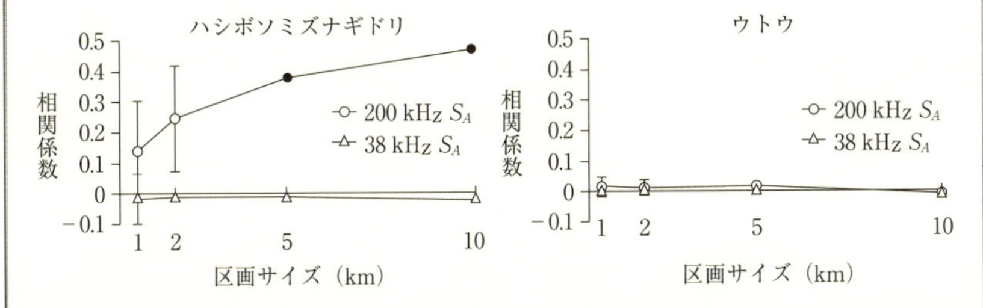

図　北海道北西部日本海における5月の海鳥密度と餌密度の関係を相関係数（r）で示したもの
区画サイズを変えた時の海鳥（上はオオミズナギドリ，下はウトウ）の密度と魚群探知機の後方散乱強度（S_A）との関係。200 kHz の後方散乱強度は動物プランクトンに対応，38 kHz の後方散乱強度は魚に対応すると考えられている。倉沢ほか（2011）より書き直す。

にありながら，低水温海域に発生するオキアミ類の集群を“知って”いることを示しているのではないか，と考えられた。この時期にいるウトウは天売島に繁殖するものがほとんどと考えられるので，海洋環境との関係を見るために，島からの距離を補正したアノマリー密度を求め，アノマリー密度と 200 kHz 後方散乱強度や魚の密度を反映する 38 kHz の後方散乱強度との相関関係をいくつかのスケールで分析したが，いずれも有意な相関はなかった。田中ほか（2008）でも，この海域のウトウの密度は水温，クロロフィル濃度，餌密度指数いずれからも説明できない，といった結果が得られている。

引用文献

阿部直哉・河野裕美・真野 徹（1986）仲の神島で繁殖するセグロアジサシの個体数と雛（幼鳥）数の推定，山階鳥研報，**18**: 8-40

Ainley DG, Fraser WR, Sullivan CW, *et al.*（1986）Antarctic mesopelagic micronekton: evidence from seabirds that pack ice affects community structure. *Science*, **232**: 847-849

Anderson ORJ, Small CJ, Croxall JP, *et al.*（2011）Global seabird bycatch in longline fisheries. *Endang Species Res*, **14**: 91-106

Anderdson R, Saether B-E, Pedersen HC（1995）Regulation of parental investment in the Antarctic petrel *Thalassoica antarctica*: an exchange experiment. *Polar Biol*, **15**: 65-68

Arcos JM, Bécares J, Villero D, *et al.*（2012）Assessing the location and stability of foraging hotspots for pelagic seabirds: an approach to identify marine Important Bird Areas（IBAs）in Spain. *Biol Conserv*, **156**: 30-42

Arima H, Oka N, Baba Y, *et al.*（2014）Gender identification by calls and body size of the streaked shearwater examined by CHD genes. *Ornithol Sci*, **13**: 9-17

有馬浩史・須川 恒（2004）冠島で繁殖するオオミズナギドリの鳴き声と体サイズにおける相関性，日本鳥学会誌，**53**: 40-44

Ashmole NP（1971）Seabird ecology and the marine environment. In: Farner DS, King JK, Parkes KC（eds）, *Avian Biology* Vol 1, Academic Press, New York, 224-286

Baduini CL, Lovvorn JR, Hunt GL Jr（2001）Determining the body condition of short-tailed shearwaters: implications for migratory flight ranges and starvation events. *Mar Ecol Prog Ser*, **222**: 265-277

Bailey EP, Kaiser GW（1993）Impacts of introduced predators on nesting seabirds in the northeast Pacific. In: Vermeer K, Briggs KT, Morgan KH, Siegel-Causey D（eds）, *The Status, Ecology and Conservation of Marine Birds of the North Pacific*, Canadian Wildlife Service, Special Publication, 218-226

Bannasch R, Wilson RP, Culik B（1994）Hydrodynamic aspects of design and attachment of a back-mounted device in penguins. *J exp Biol*, **194**: 83-96

Barbaree BA, Nelson SK, Dugger BD, *et al.*（2014）Nesting ecology of Marbled Murrelets at a remote mainland fjord in southeast Alaska. *Condor*, **116**: 173-184

Barrett RT, Camphuysen K, Ancker-Nilssen T, *et al.*（2007）Diet studies of seabirds: a review and recommendations. *ICES J Mar Sci*, **64**: 1675-1691

Battaglia P, Andaloro F, Consoli P, *et al.*（2013）Feeding habits of the Atlantic bluefin tuna, *Thunnus thynnus*（L. 1758）, in the central Mediterranean Sea（Strait of Messina）. *Helgol Mar Res*, **67**: 97-107

Benvenuti S, Bonadonna F, Dall'Antonia L, Gudmundsson GA（1998）Foraging flights of breeding thick-billed murres（*Uria lomvia*）as revealed by bird-borne direction recorders. *Auk*, **115**: 57-66

Bertram DF, Kaiser GW（1993）Rhinoceros Auklet（*Cerorhinca monocerata*）nestling diet may gauge Pacific sandlance（*Amodytes hexapterus*）recruitment. *Can J Fish Aquat Sci*, **50**: 1980-1915

BirdLife International (2010) *Marine Important Bird Areas toolkit: standardized techniques for identifying priority sites for the conservation of seabirds at sea.* BirdLife International, Cambridge UK. Version 1.2: February 2011

Bolton M, Monaghan P, Houston DC (1991) An improved technique for estimating pectoral muscle protein condition from body measurements of live gulls. *Ibis*, **133**: 164-270

Bolton, M (1995) Experimental evidence for regulation of food delivery to storm petrel, *Hydrobates pelagicus*, nestlings: the role of chick body condition. *Anim Behav*, **50**: 231-236

Borboroglu PG, Boersma PD (2013) *Penguins: Natural History and Conservation.* University of Washington Press, 360

Bost CA, Georges JY, Guinet C, *et al.* (1997) Foraging habitat and food intake of satellite-tracked king penguins during the austral summer at Crozet Archipelago. *Mar Ecol Prog Ser*, **150**: 21-33

Bouten W, Baaij EW, Shamoun-Baranes J, Camphuysen KC (2013) A flexible GPS tracking system for studying bird behaviour at multiple scales. *J Ornithol*, **154**: 571-580

Boyd IL, Murray AWA (2001) Monitoring a marine ecosystem using responses of upper trophic level predators. *J Anim Ecol*, **70**: 747-760

Branch TA, Watson R, Fulton EA, *et al.* (2010) The trophic fingerprint of marine fisheries. *Nature*, **468**: 431-435

Breton AR, Diamond AW, Kress SW (2006) Encounter, survival, and movement probabilities from an Altantic Puffin (*Fratercula arctica*) metapopulation. *Ecol Monogr*, **76**: 133-149

Bridge ES (2006) Influences on morphology and behavior on wing-molt strategies in seabirds. *Mar Ornithol*, **34**: 7-19

Brooke M de L (2004a) *Albatrosses and Petrels across the World.* Oxford University Press, Oxford

Brooke M de L (2004b) The food consumption of the world's seabirds. *Biology Letters*, **271**: 246-248

Burger AE, Piatt JF (1990) Flexible time budgets in breeding common murres: buffers against variable prey abundance. *Studies in Avian Biology*, **14**: 1-83

Burger J, Gochfeld M (2002) Effects of chemicals and pollution on seabirds. In: Schreiber EA, Burger J (eds), *Biology of Marine Birds.* CRC Press, 485-525

Burger J (1980) The transition to independence and postfledging parental care in seabirds. In: Burger J, Olla BL, Winn HE (eds), *Behavior of Marine Animals, Vol 4 Marine Birds*, Plenum Press, New York, 367-447

Butler PJ, Green JA, Boyd IL, Speakman JR (2004) Measuring metabolic rate in the field: the pros and cons of the doubly labelled water and heart rate methods. *Funct Ecol*, **18**: 168-183

Cairns DK (1987) Seabirds as indicators of marine food supplies. *Biol Oceanogr*, **5**: 261-271

Cairns DK (1992) Bridging the gap between ornithology and fisheries science: use of seabird data in stock assessment models. *Condor*, **94**: 811-824

Carey MJ, Phillips RA, Silk JR, Shaffer SA (2014) Trans-equatorial migration of Short-tailed Shearwaters revealed by geolocators. *Emu*, **114**: 352-359

Carney KM, Sydeman WJ (1999) A review of human disturbance effects on nesting colonial waterbirds. *Waterbirds*, **22**: 68-79

Catry P, Phillips RA, Phalan B, *et al.* (2004) Foraging strategies of grey-headed albatrosses *Thalassarche chrysostoma*: integration of movements, activity and feeding events. *Mar Ecol Prog Ser*, **280**: 261-273

CCAMLR (1991) *CCAMLR ecosystem monitoring program, standard methods for monitoring studies.* Scientific Committee for the Conservation of Antarctic Marine Living Resources, Hobart,

Australia, 131

Charrassin JB, Bost CA (2001) Utilization of the oceanic habitat by king penguins over the annual cycle. *Mar Ecol Prog Ser*, **221**: 285-298

Charrassin J-B, Kato A, Handrich Y, *et al.* (2001) Feeding behaviour of free-ranging penguins determined by oesophageal temperature. *Proc R Soc Lond B*, **268**: 151-157

Chiba S, Tadokoro K, Sugisaki H, Saino T (2006) Effects of decadal climate change on zooplankton over the last 50 years in the western subarctic North Pacific. *Global Change Biology*, **12**: 907-929

Chochi M, Niizuma Y, Takagi M (2002) Sexual differences in the external measurements of Black-tailed Gulls breeding on Rishiri Island, Japan. *Ornithol Sci*, **1**: 163-166

Clarke MR, Prince PA (1980) Chemical composition and calorific value of food fed to mollymauk chicks *Diomedea melanophris* and *D. chrysostoma* at Bird Island, South Georgia. *Ibis*, **122**: 488-494

Connan M, Cherel Y, Mayzaud P (2007) Lipids from stomach oil of procellariiform seabirds document the importance of myctophid fish in the Southern Ocean. *Lim Oceanogr*, **52**: 2007: 2445-2455

Croxall JP, Evans PGH, Schreiber RW (1984) *Status and Conservation of the World's Seabirds*. ICBP Technical Publication No. 2, 778

Croxall JP (2006) Monitoring predator-prey interactions using multiple predator species: the South Georgia experience. In: Boyd IL, Wanless S, Camphuysen CJ (eds), *Top Predator in Marine Ecosystems*, Cambridge University Press, Cambridge, 157-176

Croxall JP, Butcher SH, Lascelles B, *et al.* (2012) Seabird conservation status, threats and priority actions: a global assessment. *Bird Conservation International*, **22**: 1-34

Culik B, Wilson RP (1991) Swimming energetics and performance of instrumented Adélie penguins (*Pygoscelis adeliae*). *J exp Biol*, **158**: 355-368

Culik B (1994) Energetic cost of raising Pygoscelid penguin chicks. *Polar Biol*, **14**: 205-210

Cury PM, Boyd IL, Bonhommeau S, *et al.* (2011) Global seabird response to forage fish depletion-one-third for birds. *Science*, **334**: 1703-1706

Dann P, Sidhu LA, Jessop R, *et al.* (2014) Effects of flipper bands and injected transponders on the survival of adult Little Penguins *Eudyptula minor*. *Ibis*, **156**: 73-83

Dauwe T, Bervoets L, Pinxten R, *et al.* (2003) Variation of heavy metals within and among feathers of birds of prey: effects of molt and external contamination. *Environ Pollut*, **124**: 429-436

Davoren GK, Burger AE (1999) Differences in prey selection and behaviour during self-feeding and chick provisioning in Rhinoceros Auklets. *Anim Behav*, **58**: 853-863

Decker MB, Hunt GLJr (1996) Foraging by murres (*Uria spp.*) at tidal fronts surrounding the Pribilof Islands, Alaska, USA. *Mar Ecol Prog Ser*, **139**: 1-10

土居秀幸・兵藤不二夫・石川尚人 (2015)『安定同位体を用いた餌資源・食物網調査法』(占部城太郎・日浦 勉・辻 和希 編), 共立出版

Durant JM, Hjermann DO, Frederiksen M, *et al.* (2009) Pros and cons of using seabirds as ecological indicators. *Mar Ecol Prog Ser*, **39**: 115-129

Egevang C, Stenhouse IJ, Phillips RA, *et al.* (2010) Tracking of Arctic terns *Sterna paradisaea* reveals longest animal migration. *Proc Natl Acad Sci*, **107**: 2078-2081

Elliot JE, Elliot KH (2013) Tracking marine pollution. *Science*, **340**: 556-558

Elliott KH, McFarlane-Tranquilla L, Burke CM, *et al.* (2012) Year-long deployments of small geolocators increase corticosterone levels in murres. *Mar Ecol Prog Ser*, **466**: 1-7

Elliott KH, Le Vaillant M, Kato A, *et al.* (2013) Accelerometry predicts daily energy expenditure in a bird with high activity levels. *Biology Letters*, **9**: 20120919

Ellis HI, Gabrielsen GW (2002) Energetics of free-ranging seabirds. In: Schreiber EA, Burger J (eds), *Biology of Marine Birds*. CRC Press, 359–408

Fauchald P, Erikstad KE (2002) Scale-dependent predator-prey interactions: the aggregative response of seabirds to prey under variable prey abundance and patchiness. *Mar Ecol Prog Ser*, **231**: 279–291

Fauchald P, Tveraa T (2003) Using first-passage time in the analysis of area-restricted search and habitat selection. *Ecology*, **84**: 282–288

Fossi MC, Casini S, Caliani I, *et al.* (2012) The role of large marine vertebrates in the assessment of the quality of pelagic marine ecosystem. *Mar Environ Res*, **77**: 156–158

Fretwell P, LaRue M, Morin P, *et al.* (2012) An emperor penguin population estimate: the first global, synoptic survey of a species from space. *PLoS ONE*, **7**: e33751

Furness RW (1978) Energy requirement of seabird communities: a bioenergetics model. *J Anim Ecol*, **47**: 39–53

Furness RW, Monaghan P (1987) *Seabird Ecology*. Blackie, Chapman & Hall, New York. 164

Furness RW, Tasker ML (2000) Seabird-fishery interactions: quantifying the sensitivity of seabirds to reduction in sandeel abundance, and identification of key areas for sensitive seabirds in the North Sea. *Mar Ecol Prog Ser*, **202**: 253–264

Furness RW (2007) Responses of seabirds to depletion of food fish stocks. *J Ornithol*, **148**: S247–S252

Gales RP (1988) Validation of the stomach-flushing technique for obtaining stomach contents of Penguins. *Ibis*, **129**: 335–343

Gaston AJ, Jones IL (1998) *The Auks*. Oxford University Press

Gaston, AJ, Hashimoto Y, Wilson L (2015) First evidence of east-west migration across the North Pacific in a marine bird. *Ibis*, **157**: 877–882

Gjosaeter J, Kawaguchi K (1980) A review of the world resources of mesopelagic fish. *FAO Fisheries Technical Paper*, **193**: 1–151

Gleiss AC, Wilson RP, Shepard EL (2011) Making overall dynamic body acceleration work: on the theory of acceleration as a proxy for energy expenditure. *Methods in Ecology and Evolution*, **2**: 23–33

Green JA, Butler PJ, Woakes AJ, Boyd IL (2003) Energetics of diving in macaroni penguins. *J exp Biol*, **206**: 43–57

Grémillet D, Storch S, Peters G (2000) Determining food requirements in marine top predators: a comparison of three independent techniques in Great Cormorants, *Phalacrocorax carbo carbo*. *Can J Zool*, **78**: 1567–1579

Halpern BS, Walbridge S, Selkoe KA, *et al.* (2008) A global map of human impact on marine ecosystems. *Science*, **319**: 948–952

Hamer KC, Hill JK (1994) The regulation of food delivery to nestling Cory's shearwaters *Calonectris diomedea*: the roles of parents and offspring. *J Avian Biol*, **25**: 198–204

Handrich Y, Bevan RM, Charrassin JB, *et al.* (1997) Hypothermia in foraging king penguins. *Nature*, **388**: 64–67

Harris MP (1964) Aspects of the breeding biology of the gulls *Larus argentatus*, *L fuscus* and *L. marinus*. *Ibis*, **106**: 432–456

Harris MP (1969) The biology of storm-petrels in the Galapagos Islands. *Proceedings of California Academy of Sciences*, **37**: 95–166

Harris MP, Bogdanova MI, Daunt F, Wanless S (2012) Using GPS technology to assess feeding areas of Atlantic Puffins *Fratercula arctica. Ringing & Migration*, **27**: 43-49

Harrison CS, Hida TS, Seki MP (1983) Hawaiian seabird feeding ecology. *Wildl Monogr*, **85**: 1-71

Hasebe M, Aotsuka M, Terasawa T, *et al.* (2012) Status and conservation of the Common Murre *Uria aalge* breeding on Teuri Island, Hokkaido. *Ornithol Sci*, **11**: 29-38

長谷部真・福田佳弘・先崎理之・綿貫 豊 (2015) 天売島におけるケイマフリ個体数の季節変動と年変化，日本鳥学会誌，**64**: 251-255

Hatch SA, Sanger GA (1992) Puffins as samplers of juvenile Pollock and other forage fish in the Gulf of Alaska, *Mar Ecol Prog Ser*, **80**: 1-14

Hatch SA, Meyers PM, Mulcahy DM, Douglas DC (2000) Seasonal movements and pelagic habitat use of murres and puffins determined by satellite telemetry. *Condor*, **102**: 145-154

樋口広芳 (2002) 渡り鳥の衛星追跡と保全への応用，『これからの鳥類学』(山岸 哲・樋口広芳 編)，裳華房，432-453

Hobson KA (1987) Use of stable-carbon isotope analysis to estimate marine and terrestrial protein content in gull diet. *Can J Zool*, **65**: 1210-1213

Howell SNG (2010) *Molt in North American Birds*. Peterson Reference Guides, Houghton Mifflin Harcourt Publishing Company, New York, 267

Hupp JW, Pearce JM, Mulcahy DM, Miller DA (2006) Effects of abdominally implanted radiotransmitters with percutaneous antennas on migration, reproduction, and survival of Canada geese. *J Wildl Manag*, **70**: 812-822

Hurlbert SH (1984) Pseudoreplication and the design of ecological field experiments. *Ecology*, **54**: 187-211

Hyrenbach KD, Forney KA, Dayton PK (2000) Marine protected areas and ocean basin management. *Aquatic Conserv Mar Freshw Ecosyst*, **10**: 437-458

Imber MJ (1976) The origin of petrel stomach oils - a review. *Condor*, **78**: 366-369

井上裕紀子・出口智広・越智大介 他 (2009) オオミズナギドリ雛の短期的な栄養状態は親の給餌調節に影響しない，日本鳥学会誌，**58**: 65-72

Irigoien X, Klevjer TA, Rostad A, *et al.* (2014) Large mesopelagic fishes biomass and trophic efficiency in the open ocean. *Nature Communications*, **5**: 3271

Ito M, Kazama K, Niizuma Y, *et al.* (2012) Prey resources used for producing egg yolks in four species of seabirds: insight from stable-isotope ratio. *Ornithol Sci*, **11**: 113-119

Iverson SJ, Field C, Bowen WD, Blanchard W (2004) Quantitative fatty acid signature analysis: a new method of estimating predator diet. *Ecol Monogr*, **74**: 211-235

Iverson SJ, Springer AM, Kitaysky AS (2007) Seabirds as indicators of food web structure and ecosystem variability: qualitative and quantitative diet analyses using fatty acids. *Mar Ecol Prog Ser*, **352**: 235-244

井関健一・綿貫 豊 (2002) ウミネコの雛数が雛の成長と生存率に与える影響：早期および後期繁殖個体における環境条件が異なる2年間の比較，日本鳥学会誌，**52**: 108-115

Jackson S, Ryan PG (1986) Differential digestion rates of prey by White-chinned Petrels (*Procellaria aequinoctialis*). *Auk*, **103**: 617-619

Jacob (1982) Stomach oils. In: Farner DS, King JR, Parkes KC (eds), *Avian Biology Vol VI*, Academic Press, Inc, Orland, 325-340

Jarman S, McInnes J, Faux C, *et al.* (2013) Adélie penguin population diet monitoring by analysis of food DNA in scats. *PLoS ONE*, **8**: e82227

Jenouvrier S, Holland M, Stroeve J, *et al.* (2012) Effects of climate change on an emperor penguin population: analysis of coupled demographic and climate models. Global Change Biology, **8**: 2756–2770

Jonsen ID, Basson M, Bestley S, *et al.* (2013) State-space models for bio-loggers: a methodological road map. *Deep Sea Research Part II*, **88**: 34–46

Karnovsky NJ, Hobson KA, Iverson SJ (2012) From lavage to lipids: estimating diets of seabirds. *Mar Ecol Prog Ser*, **451**: 263–284

Kazama K (2007) Factors affecting egg predation in Black-tailed Gulls. *Ecol Res*, **22**: 613–618

Kazama K, Hirata K, Yamamoto T, *et al.* (2013) Movements and activities of male Black-tailed Gulls in breeding and sabbatical years. *J Avian Biol*, **44**: 603–608

風間健太郎・伊藤元裕・新妻靖章 他 (2010) 海洋環境モニタリングにおける海鳥の役割とその保全，日本鳥学会誌，**59**: 38–54

Kerry KR, Clarke JR, Else GD (1993) The use of an automated weighing and recording system for the study of the biology of Adélie Penguins (*Pygoscels adeliae*). *Proc NIPR Symp Polar Biol*, **6**: 62–75

Kinder TH, Hunt GL Jr, Schneider DC, Schumacher JD (1983) Correlation between seabird and oceanic fronts around the Pribilof Island, Alaska. *Estuar Coast Shelf Sci*, **16**: 309–319

Kokubun N, Takahashi A, Mori Y, *et al.* (2010a) Comparison of diving behaviour and foraging habitat use between chinstrap and gentoo penguins breeding in the South Shetland Islands, Antarctica. *Mar Biol*, **157**: 811–825

Kokubun N, Takahashi A, Ito M, *et al.* (2010b) Annual variation in the foraging behaviour of thick-billed murres in relation to upper-ocean thermal structure around St. George Island, Bering Sea. *Aquat Biol*, **8**: 289–298

Kokubun N, Kim JH, Shin HC, *et al.* (2011) Penguin head movement detected using small accelerometers as a proxy of their prey encounter rates. *J exp Biol*, **214**: 3760–3767

河野裕美・水谷 晃・菅原 光 他 (2013) カツオドリのモニタリング手法の提案—雛の羽衣パターンによる齢査定とそれに基づく繁殖期の推定—西表島研究 2012，東海大学沖縄地域研究センター所報：9–44

小杉和樹・杉村直樹・佐藤雅彦 (2005) 利尻島におけるウミネコの集団繁殖地について (1) 2002–2004年における推定総個体数の推移，利尻研究，**24**: 29–36

Kuroki M, Kato A, Watanuki Y, *et al.* (2003) Diving behavior of an epipelagically feeding alcid, the Rhinoceros Auklet (*Cerorhinca monocerata*). *Can J Zool*, **81**: 1249–1256

黒木麻希・加藤明子・綿貫 豊・高橋晃周 (1998) ウトウの繁殖生態の研究における人工巣箱の利用，山階鳥研報，**30**: 40–46

倉沢康大・本田 聡・綿貫 豊 (2011) 渡り途中のハシボソミズナギドリと繁殖中のウトウの分布と餌密度，日本鳥学会誌，**60**: 216–227

倉沢康大・板橋 豊・山本麻希・綿貫 豊 (2012) 胃油の脂肪酸組成によるオオミズナギドリのロングトリップ中の餌推定，日本鳥学会誌，**61**: 137–141

Le Maho Y, Gendner J-P, Challet E, *et al.* (1993) Undisturbed breeding penguins as indicators of changes in marine resources. *Mar Ecol Prog Ser*, **95**: 1–6

Le Maho Y, Saraux C, Durant JM, *et al.* (2011) An ethical issue in biodiversity science: the monitoring of penguins with flipper bands. *Comptes Rendus Biologies*, **334**: 378–384

Lewison R, Oro D, Godley BJ, *et al.* (2012) Research priorities for seabirds: improving conservation and management in the 21st century. *Endang Species Res*, **17**: 93–121

Luque SP (2007) Diving behaviour analysis in R. *R news*, **7**: 8–14

Matsumoto K, Oka N, Ochi D, *et al.* (2012) Foraging behavior and diet of Streaked Shearwaters (*Calonectris leucomelas*) rearing chicks at Mikura I. *Ornithol Sci*, **11**: 9-19

松本 径・風間健太郎・佐藤克文・岡奈里子 (2007) GIS3次元表示を用いた岩手県三貫島オオミズナギドリの繁殖個体数の推定, 日本鳥学会誌, **56**: 170-175

マーチン　P・ベイトソン P 著, 粕谷栄一・近 雅博・細間宏通 訳 (1990) 行動研究入門, 東海大学出版会 (Matin P, Bateson P (1990) *Measuring Behavior*. Cambridge University Press)

松原健司 (2002) 鳥類の食性解析と安定同位体測定法,『これからの鳥類学』(山岸 哲・樋口広芳 編), 裳華房, 264-286

Mizutani H, Fukuda M, Kobaya Y, Wada E (1990) Carbon isotope ratio of feathers reveals feeding behavior of cormorants. *Auk*, **107**: 400-403

水谷 晃・河野裕美 (2009) エリグロアジサシとベニアジサシのモニタリング手法の提案—コロニー外からの観察による営巣数の計数と雛の齢査定に基づく産卵時期の推定—, 山階鳥学誌, **40**: 15-18

Moll RJ, Millspaugh JJ, Beringer J, *et al.* (2007) A new 'view' of ecology and conservation through animal-borne video systems. *Trends in Ecology & Evolution*, **22**: 660-668

Monaghan P, Nager RG, Houston DC (1998) The price of eggs: increased investment in egg production reduces the offspring rearing capacity of parents. *Proc R Soc Lond B*, **265**: 1731-1735

Montevecchi WA, Birt VL, Cairns DK (1988) Dietary changes of seabirds associated with local fisheries failures. *Biol Oceanogr*, **5**: 153-161

Montevecchi WA (2007) Binary dietary responses of northern gannets *Sula bassana* indicate changing food web and oceanographic conditions. *Mar Ecol Prog Ser*, **352**: 213-220

村瀬弘人・清田雅史 編 (2014) 海洋生物の地理分布モデリング, 海洋と生物, **36**: 443-500

Murphy EJ, Watkins JL, Trathan PN, *et al.* (2007) Spatial and temporal operation of the Scotia Sea ecosystem: a review of large-scale links in a krill centered food web. *Phil Trans R Soc B*, **362**: 113-148

Nelson JB (2005) *Pelicans, Cormorants, and their Relatives- The Pelecaniformes*. Oxford University Press

日本バイオロギング研究会 編 (2009) 動物たちの不思議にせまるバイオロギング, 京都通信社

Niizuma Y, Takahashi A, Sawada M, Watanuki Y (1998) Sexual dimorphism in external measurements of adult Leach's Strom-petrels breeding at Daikoku Island. *J Yamashina Inst Ornithol*, **30**: 36-39

Niizuma Y, Takahashi A, Kuroki M, Watanuki Y (1999) Sexing by external measurements of adult Rhinoceros Auklets breeding on Teuri Island. *Jpn J Ornithol*, **48**: 145-150

Niizuma Y, Takahashi A, Tokita N, Hayama S (2000) A body condition index based on body mass and external measurements of live Leach's Storm-petrels. *Jpn J Ornithol*, **49**: 131-137

Niizuma Y, Yamamura O (2004) Assimilation efficiency of Rhinoceros Auklet (*Cerorhinca monocerata*) chicks fed Japanese Anchovy (*Engraulis japonicus*) and Japanese sandlance (*Ammodytes personatus*). *Comp Biochem Physiol A*, **139**: 97-101

Niizuma Y, Senda M, Chochi M, *et al.* (2005) Incubation capacity limits maximum clutch size in black-tailed gulls *Larus crassirosiris*. *J Avian Biol*, **36**: 421-427

Niizuma Y, Toge Y, Manabe Y, *et al.* (2008) Diet and foraging habitat of Leach's Storm-petrels breeding at Daikoku Island, Japan. In: Okada H, Mawatari SF, Suzuki N, Gautam P (eds), *Origin and Evolution of Natural Diversity, Proceedings of International Symposium*, 153-159

新妻靖章・井関健一 (2005) 利尻島で繁殖するオオセグロカモメの外部計測値の性的二型, *Strix*, **23**: 131-135

新妻靖章・荒木葉子・森 宏枝（2001）外部計測値からウトウの栄養状態を推定する方法．*Wildlife Conservation Japan*, **7**: 41-47

Ochi D, Oka N, Watanuki Y (2010) Foraging trip decisions by the streaked shearwater *Calonectris leucomelas* depends on both parental and chick state. *J Ethol*, **28**: 313-321

Ogi H (2008) International and national problems in fisheries seabird by-catch. *J Disaster Research*, **3**: 187-195

小城春雄・高橋延昭・中田聖子 他（1999）北海道，利尻島におけるウミネコ（*Larus crassirostris*）の卵形について，北海道水産学部研究彙報，**50**: 111-125

Ohizumi H, Kuramochi T, Amano M, Miyazaki N (2000) Prey switching of Dall's porpoise *Phocoenoides dalli* with population decline of Japanese pilchard *Sardinops melanostictus* around Hokkaido, Japan. *Mar Ecol Prog Ser*, **200**: 265-275

Osa Y, Watanuki Y (2002) Status of seabirds breeding in Hokkaido. *J Yamashina Inst Ornithol*, **33**: 107-141

Owen E, Daunt F, Wanless S (2010) Sampling avian adipose tissue assessing a nondestructive biopsy technique. *J Field Ornithol*, **81**: 92-98

Owen E, Daunt F, Moffat C, *et al.* (2013) Analysis of fatty acids and fatty alcohols reveals seasonal and sex-specific changes in the diets of seabirds. *Mar Biol*, **160**: 987-999

Pabi S, van Dijken GL, Arrigo KR (2008) Primary production in the Arctic Ocean, 1998-2006. *J Geophys Res*, **113**: C08005

Parnell AC, Inger R, Beahop S, Jackson AL (2010) Source partitioning using stable isotopes: coping with too much variation. *PLoS ONE*, **5**: e9672

Patterson IJ (1965) Timing and spacing of broods in the Black-headed Gull *Larus ridibundus*. *Ibis*, **107**: 433-459

Pauly D, Christensen V, Dalsgaard J, *et al.* (1998) Fishing down marine food webs. *Science*, **279**: 860-863

Pethybridge H, Virtue P, Casper R, *et al.* (2012) Seasonal variations in diet of arrow squid (*Nototodarus gouldi*): stomach content and signature fatty acid analysis. *J Mar Biol Assoc UK*, **92**: 187-196

Phillips RA, Xavier JC, Croxall JP (2003) Effects of satellite transmitters on albatrosses and petrels. *Auk*, **120**: 1082-1090

Phillips RA, Silk JRD, Croxall JP, *et al.* (2004) Accuracy of geolocation estimates for flying seabirds. *Mar Ecol Prog Ser*, **266**: 265-272

Piatt JF, Sydeman WJ, Wiese F (2007) Introduction: a modern role for seabirds as indicators. *Mar Ecol Prog Ser*, **352**: 199-204

Pinkas L, Oliphant MS, Iverson ILK (1971) Food habits of albacore, bluefin tuna, and bonito in California waters. *Calif Fish Game*, **152**: 1-105

Pollet IL, Ronconi RA, Jonsen I, *et al.* (2014) Foraging movements of Leach's storm-petrels *Oceanodroma leucorhoa* during incubation. *J Avian Biol*, **45**: 305-314

Prince PA, Walton DWH (1984) Automated measurement of meal sizes and feeding frequency in albatrosses *J Appl Ecol*, **21**: 789-794

Rahn H, Ackerman RA, Paganelli CV (1984) Eggs, yolk and embryonic growth rate. In: Whittow GC, Rahn H (eds), *Seabird Energetics*, Plenum Press, New York, 89-112

Ramos R, Militao T, Gonzales-Solis J, Ruiz X (2009) Molting strategies of a long-distance migratory seabird, the Mediterranean Cory's Shearwater *Calonectris diomedea diomedea*. *Ibis*, **151**: 151-159

Rayner MJ, Taylor GA, Thompson DR, *et al.* (2011) Migration and diving activity in three non-breeding flesh-footed shearwaters *Puffinus carneipes*. *J Avian Biol*, **42**: 266-270
Reid K, Croxall JP (2001) Environmental response of upper trophic-level predators reveals a system change in an Antarctic marine ecosystem. *Proc R Soc Lond B*, **268**: 377-384
Reid K, Croxall JP, Briggs DR, Murphy EJ (2005) Antarctic ecosystem monitoring: quantifying the response of ecosystem indicators to variability in Antarctic Krill. *ICES J Mar Sci*, **62**: 366-373
Reid TA, Tuck GN, Hindell MA, *et al.* (2013) Nonbreeding distribution of flesh-footed shearwaters and the potential for overlap with north Pacific fisheries. *Biol Conserv*, **166**: 3-10
Renner M, Parrish JK, Piatt JF, *et al.* (2013) Modeled distribution and abundance of a pelagic seabird reveal trends in relation to fisheries. *Mar Ecol Prog Ser*, **484**: 259-277
Richardson AJ, Waine AW, John AWG, *et al.* (2006) Using continuous plankton recorder data. *Progr Oceanogr*, **68**: 27-74
Ridoux V (1994) The diets and dietary segregation of seabirds at the subantarctic Crozet Islands. *Mar Ornithol*, **22**: 1-192
Ronconi RA, Lascelles BG, Langham GM, *et al.* (2012) The role of seabirds in marine protected area identification, delineation, and monitoring: introduction and synthesis. *Biol Conserv*, **156**: 1-4
Ropert-Coudert Y, Kato A, Baudat J, *et al.* (2001) Feeding strategies of free-ranging Adélie penguins *Pygoscelis adeliae* analysed by multiple data recording. *Polar Biol*, **24**: 460-466
Ropert-Coudert Y, Wilson RP, Yoda K, Kato A (2007) Assessing performance constraints in penguins with externally-attached devices. *Mar Ecol Prog Ser*, **333**: 281-289
Ruggerone GT, Zimmerman M, Myer KW, *et al.* (2003) Competition between Asian pink salmon (*Onchorhynchus gorbuscha*) and Alaskan sockeye salmon (*O. nerka*) in the North Pacific Ocean. *Fish Oceanogr*, **12**: 209-219
Sakamoto K, Sato K, Ishizuka M, *et al.* (2009a) Can ethograms be automatically generated using body acceleration data from free-ranging birds? *PLoS ONE*, **4**: e5379
Sakamoto K, Takahashi A, Iwata T, Trathan P (2009b) From the eye of the albatrosses: a bird-borne camera shows an association between albatrosses and a killer whale in the Southern Ocean. *PLoS ONE*, **4**: e7322
Sakamoto K, Takahashi A, Iwata T, Yamamoto T, *et al.* (2013) Heart rate and estimated energy expenditure of flapping and gliding in black-browed albatrosses. *J exp Biol*, **216**: 3175-3182
Santora JA, Sydeman WJ, Schroeder ID, *et al.* (2011) Mesoscale structure and oceanographic determinants of krill hotspots in the California Current: implications for trophic transfer and conservation. *Progr Oceanogr*, **91**: 397-409
Sato K, Daunt F, Watanuki Y, *et al.* (2008) A new method to quantify prey acquisition in diving seabirds using wing stroke frequency. *J exp Biol*, **211**: 58-65
Schneider D, Hunt GL Jr (1982) Carbon flux to seabirds in waters with different mixing regimes in the southeastern Bering Sea. *Mar Biol*, **67**: 337-344
Schneider D, Hunt GL Jr (1984) A comparison of seabird diets and foraging distribution around the Pribilof Island, Alaska. In: Nettleship DN, Sanger GA, Springer PF (eds), *Marine Birds: Their Feeding Ecology and Commercial Fisheries Relationships*, Can Wildl Serv Spec Publ, 86-95
Schneider DC, Piatt JF (1986) Scale-dependent correlation of seabirds with schooling fish in a coastal ecosystem. *Mar Ecol Prog Ser*, **32**: 237-246
Schneider DC (1990) Spatial autocorrelation in marine birds. *Polar Res*, **8**: 89-97
Shaffer SA, Tremblay Y, Weimerskirch H, *et al.* (2006) Migratory shearwaters integrate oceanic

resources across the Pacific Ocean in an endless summer. *Proc Natl Acad Sci*, **103**: 12799-12802
Shaffer SA, Clatterbuck CA, Kelsey EC, *et al.* (2014) As the egg turns: monitoring egg attendance behavior in wild birds using novel data logging technology. *PLoS ONE*, **9**: e97898
Shepard EL, Wilson RP, Laich AG, Quintana F (2010) Buoyed up and slowed down: speed limits for diving birds in shallow water. *Aquat Biol*, **8**: 259-267
Shiomi K, Sato K, Ponganis PJ (2012) Point of no return in diving emperor penguins: is the timing of the decision to return limited by the number of strokes? *J exp Biol*, **215**: 135-140
Shiomoto A, Tadokoro , Nagasawa K, Ishida Y (1997) Trophic relations in the subarctic North Pacific ecosystem: possible feeding effect from pink salmon. *Mar Ecol Prog Ser*, **150**: 75-85
Sibly RM, McCleery RH (1980) A balance for weighing ground-nesting birds. *J Appl Ecol*, **17**: 323-327
Sileshi G (2008) The excess-zero problem in soil animal count data and choice of appropriate models for statistical inference. *Pedobiol*, **52**: 1-17
Simeone A, Wilson RP (2003) In-depth studies of Magellanic penguin (*Spheniscus magellanicus*) foraging: can we estimate prey consumption by perturbations in the dive profile? *Mar Biol*, **143**: 825-831
Sokal RR, Oden NL (1978) Spatial autocorrelation in biology I, Methodology. *Biol J Linnean Soci*, **10**: 199-228
Tadokoro K, Ishida Y, Davis ND, *et al.* (1996) Change in chum salmon (*Oncorhynchus keta*) stomach contents associated with fluctuations of pink salmon (*O. gorbuscha*) abundance in the Pacific and Bering Sea. *Fish Oceanogr*, **5**: 88-99
高木憲太郎・佐藤達夫 (2009) カワウへのテサテープによる送信機装着方法の耐久性, *Bird Research*, **5**: T15-T22
Takahashi A, Kuroki M, Niizuma Y, Watanuki Y (1999) Parental food provisioning is unrelated to manipulated offspring food demand in a nocturnal single-provisioning alcid, the rhinoceros auklet. *J Avian Biol*, **30**: 486-490
Takahashi A, Kuroki M, Niizuma Y, *et al.* (2001) Importance of the Japanese anchovy *Engraulis japonicus* to breeding Rhinoceros Auklets *Cerorhinca monocerata* on Teuri island, Sea of Japan. *Mar Biol*, **139**: 361-371
Takahashi A, Dunn MJ, Trathan PN, *et al.* (2004a) Krill-feeding behaviour by a chinstrap penguin compared to fish-eating in Magellanic penguins: a pilot study. *Mar Ornithol*, **32**: 47-54
Takahashi A, Sato K, Naito Y, *et al.* (2004b) Penguin-mounted cameras glimpse underwater group behaviour. *Proc R Soc Lond B*, **271**: S281-S282
Takahashi A, Matsumoto K, Hunt GL Jr, *et al.* (2008) Thick-billed murres use different diving behaviors in mixed and stratified waters. *Deep-Sea Res II*, **57**: 1837-1845
Takahashi A, Ito M, Suzuki Y, *et al.* (2015) Migratory movements of rhinoceros auklets in the northwestern Pacific: connecting seasonal productivities. *Mar Ecol Prog Ser*, **525**: 229-243
高橋晃周・依田 憲 (2010) バイオロギングによる鳥類研究, 日本鳥学会誌, **59**: 3-19
Takenaka M, Niizuma Y, Watanuki Y (2005) Resource allocation in fledglings of the rhinoceros auklet under different feeding conditions: an experiment manipulating meal size and frequency. *Can J Zool*, **83**: 1476-1485
田中遊山・本田 聡・磯田 豊 他 (2008) 北海道西岸沖日本海における繁殖期のウトウの分布, 日本鳥学会誌, **57**: 148-153
Thaxter CB, Ross-Smith VH, Clark JA, *et al.* (2014) A trial of three harness attachment methods and their suitability for long-term use on Lesser Black-backed Gulls and Great Skuas. *Ringing &*

Migration, **29**: 65-76

Thiers L, Louzao M, Ridoux V, *et al.* (2014) Combining methods to describe important marine habitats for top predators: application to identify biological hotspots in tropical waters. *PLoS ONE*, **9**: e0115057

Tinbergen JM, Tinbergen J, Ubels R (2014) Is fitness affected by ring colour? *Ardea*, **101**: 153-163

Tittensor DP, Mora C, Jetz W, *et al.* (2010) Global patterns and predictors of marine biodiversity across taxa. *Nature*, **466**: 1098-1101

Toge K, Yamashita R, Kazama K, *et al.* (2011) The relationship between pink salmon biomass and the body condition of short-tailed shearwaters in the Bering Sea: can fish compete with seabirds? *Proc R Soc B*, **278**: 2584-2590

Tomita N, Mizutani Y, Trathan PN, Niizuma Y (2015) Relationship between non-breeding migratory movements and stable isotopes of nitrogen and carbon from primary feathers of Black-tailed Gull *Larus crassirostris*. *Ornithol Sci*, **14**: 3-11

Torres LG, Sutton PJH, Thompson DR, *et al.* (2015) Poor transferability of species distribution models for a pelagic predator, the Grey petrel, indicates contrasting habitat preferences across ocean basins. *PLoS ONE*, **10**: e0120014

Trefry SA, Diamond AW, Jesson LK (2013) Wing marker woes: a case study and meta-analysis of the impacts of wing and patagial tags. *J Ornithol*, **154**: 1-11

Tremblay Y, Roberts AJ, Costa DP (2007) Fractal landscape method: an alternative approach to measuring area-restricted searching behavior. *J exp Biol*, **210**: 935-945

van Franecker JA (1994) A comparison of methods for counting seabird at sea in the southern-ocean. *J Field Ornithol*, **65**: 96-108

Vandenabeele SP, Shepard EL, Grogan A, Wilson RP (2012) When three per cent may not be three per cent; device-equipped seabirds experience variable flight constraints. *Mar Biol*, **159**: 1-14

Veit RR, McGowan JA, Ainley DG, *et al.* (1997) Apex marine predator declines ninety percent in association with changing climate. *Global Change Biology*, **3**: 23-28

Votier SC, Bicknell A, Cox SL, *et al.* (2013) A bird's eye view of discard reforms: bird-borne cameras reveal seabird/fishery interactions. *PLoS ONE*, **8**: e57376

和田英太郎 (1986) 生物関連分野における同位体効果, *Radioisotopes*, **35**: 35-47

Walsh PM, Halley DJ, Harris MP, *et al.* (1995) *Seabird monitoring handbook for Britain and Ireland*. Joint Nature Conservation Committee, the Royal Society for Protection of Birds, the Institute of Terrestrial Ecology, and the Seabird Group

Wang SW, Hollmen TE, Iverson SJ (2010) Validating quantitative fatty acid signature analysis to estimate diets of spectacled and Steller's eiders (*Somateria fischeri* and *Polystica stelleri*). *J Comp Physiol B*, **180**: 125-139

Wanless S, Wright PJ, Harris MP, Elston DA (2004) Evidence for decrease in size of lesser sandeels *Ammodytes marinus* in a North Sea aggregation over a 30-yr period. *Mar Ecol Prog Ser*, **279**: 237-246

Wanless S, Harris MP, Redman P, Speakman JR (2005) Low energy values of fish as a probable cause of a major seabird breeding failure in the North Sea. *Mar Ecol Prog Ser*, **294**: 1-8

Watanabe Y, Takahashi A (2013) Linking animal-borne video to accelerometers reveal prey capture variability. *Proc Natl Acad Sci*, USA, **110**: 2199-2204

Watanuki Y (1984) Food intake and pellet of Black-tailed Gull *Larus crassirostris*. J Yamashina Inst *Ornithol*, **16**: 168-169

Watanuki Y, Kato A, Robertson G (1994) Estimation of food consumption in Adélie Penguin chicks using body mass and growth. *J Yamashina Inst Ornithol*, **26**: 109-114

Watanuki Y, Kato A, Naito Y (1996) Diving performance of male and female Japanese cormorants. *Can J Zool*, **74**: 1098-1109

Watanuki Y, Mehlum F, Takahashi A (2001) Water temperature sampling by foraging Brünnich's Guillemots with bird-borne data loggers. *J Avian Biol*, **32**: 189-193

Watanuki Y (2002) Moonlight and activity of breeders and non-breeders of Leach's Storm-petrels. *J Yamashina Inst. Ornithol*, **34**: 245-249

Watanuki Y, Daunt F, Takahashi A, *et al.* (2008) Microhabitat use and prey capture of a bottom feeding top predator, the European shag, as shown by camera loggers. *Mar Ecol Prog Ser*, **356**: 283-293

Watanuki Y, Ito M, Deguchi T, Minobe S (2009) Climate-forced seasonal mismatch between the hatching of Rhinoceros Auklets and the availability of anchovy. *Mar Ecol Prog Ser*, **393**: 259-271

Watanuki Y, Takahashi A, Sato K (2010) Individual variation of foraging behavior and food provisioning in Adélie penguins in a fast-sea-ice area. *Auk*, **127**: 523-531

綿貫 豊 (2001) 海鳥に装着した超小型データロガーによるミクロスケールでの採食行動研究：海洋生態学へいかに貢献しうるか，日本生態学会誌，**51**: 223-230

綿貫 豊 (2002) オオセグロカモメはなぜ3卵しか産まないのか：生活史戦略研究の生理的基盤，『これからの鳥類学』(山岸 哲・樋口広芳 編)，裳華房，64-86

綿貫 豊 (2010) 海鳥の行動と生態―その海洋生活への適応，生物研究社

Weimerskirch H, Cherel Y (1998) Feeding ecology of short-tailed shearwaters: breeding in Tasmania and foraging in the Antarctic? *Mar Ecol Prog Ser*, **167**: 261-274

Weimerskirch H (2007) Are seabirds foraging for unpredictable resources? *Deep-Sea Research II*, **54**: 211-223

Whitworth DL, Carter HR (2012) Spotlight surveys for assessing *Synthliboramphus* murrelets attending nocturnal at-sea congregations. In: Kwon Y-S, Nam H-Y, Choi CY, Bing C-G (eds), Proceedings of the 6th International Symposium of Migratory Birds, Mokpo, Republic of Korea, 119-138

Wiens JA, Scott JM (1975) Model estimation of energy flow in Oregon coast seabird populations. *Condor*, **77**: 439-452

Will A, Suzuki Y, Elliott K, *et al.* (2014) Feather corticosterone reveals developmental stress in seabirds. *J exp Biol*, **217**: 2371-2376

Williams TD (1995) *The Penguins*. Oxford University Press, Oxford

Williams TD (1994) Intraspecific variation in egg size and egg composition in birds: effects on offspring fitness. *Biol Rev*, **68**: 35-59

Williams CT, Buck CL (2010) Using fatty acids as dietary tracers in seabird trophic ecology: theory, application and limitations. *J Ornithol*, **151**: 531-543

Wilson LJ, Daunt F, Wanless S (2004) Self-feeding and chick provisioning diet differ in the Common Guillemot *Uria aalge*. *Ardea*, **92**: 197-208

Wilson RP (1984) An improved stomach pump for penguins and other seabirds. *J Field Ornithol*, **55**: 109-112

Wilson RP, La Cock GD, Wilson M-P, Mollagee F (1985) Differential digestion of fish and squid in Jackass Penguins *Spheniscus demersus*. *Ornis Scand*, **16**: 77-79

Wilson RP, Cooper J, Plötz J (1992) Can we determine when marine endotherms feed? a case study with seabirds. *J exp Biol*, **167**: 267-275

Wilson RP, Pütz K, Grémillet D, *et al.* (1995) Reliability of stomach temperature changes in determining feeding characteristics of seabirds. *J exp Biol*, **198**: 1115-1135

Wilson RP, Grémillet D, Syder J, *et al.* (2002) Remote-sensing systems and seabirds: their use, abuse and potential for measuring marine environmental variables. *Mar Ecol Prog Ser*, **228**: 241-261

Wilson RP, Pütz K, Peters G, *et al.* (1997) Long-term attachment of transimitting and recording devices to penguins and other seabirds. *Wildl Soc Bull*, **25**: 101-106

Worm B, Lotze HK, Myers RA (2003) Predator diversity hotspots in the blue ocean. *Proc Natl Acad Sci*, **100**: 9884-9888

Yamaguchi NM, Iida T, Nakamura Y, *et al.* (2016) Seasonal movements of Japanese Murrelets, revealed by geolocators. *Ornithol Sci*, **15**: 47-54

Yamamoto T, Takahashi A, Katsumata N, *et al.* (2010) At-sea distribution and behaviour of streaked shearwaters (*Calonectris leucomelas*) during the non-breeding period. *Auk*, **127**: 871-881

Yamamoto T, Watanuki Y, Hazen EL, *et al.* (2015) Statistical integration of tracking and vessel survey data to incorporate life history differences in habitat models. *Ecological Applications*, **25**: 2394-2406

山本麻希・桑山大実・鈴木誠治 他 (2012) 心拍数を指標としたカワウに効果的な心理ストレスの評価. 日本鳥学会誌, **61**: 29-37

Yamashita R, Takada H, Murakami M, *et al.* (2007) Evaluation of noninvasive approach for monitoring PCB pollution of seabirds using preen gland oil. *Environ Sci Technol*, **41**: 4901-4906

Ydenberg RC (1994) The behavioral ecology of provisioning in birds. *Ecoscience*, **1**: 1-14

Yoda K, Naito Y, Sato K, *et al.* (2001) A new technique for monitoring the behaviour of free-ranging Adélie penguins. *J exp Biol*, **204**: 685-690

Yoda K, Kohno H (2008) Plunging behaviour in chick-rearing brown boobies. *Ornithol Sci*, **7**: 5-13

Yoda K, Tomita N, Mizutani Y, *et al.* (2012) Spatio-temporal responses of black-tailed gulls to natural and anthropogenic food resources. *Mar Ecol Prog Ser*, **466**: 249-259

Yoda K, Shiomi K, Sato K (2014) Foraging spots of streaked shearwaters in relation to ocean surface currents as identified using their drift movements. *Progr Oceanogr*, **122**: 54-64

Young L (2009) Foraging ecology, population genetics and risk of fisheries bycatch for the Laysan Albatross (*Phoebastria immutabilis*). PhD thesis, University of Hawaii

Zuur AF, Ieno EN, Walker NJ, *et al.* (2009) *Mixed Effects Models and Extensions in Ecology* with R. Springer, New York

索　引

【タ】

【ナ】

【ハ】

【マ】

【ヤ】

【ラ】

【ワ】

Memorandum

Memorandum

【著者紹介】

綿貫 豊（わたぬき ゆたか）

1987年　北海道大学大学院農学研究科博士後期課程修了
現　在　北海道大学大学院水産科学研究院 教授，農学博士
専　門　海洋生態学
主　著　「海鳥の行動と生態—その海洋生活への適応」生物研究社（2010）

高橋 晃周（たかはし あきのり）

2001年　総合研究大学院大学極域科学専攻修了
現　在　国立極地研究所 准教授，博士（理学）
専　門　動物生態学
主　著　「バイオロギング—「ペンギン目線の」動物行動学」（共著）成山堂書店（2012）

生態学フィールド調査法シリーズ 7
Handbook of Methods in Ecological Research 7

海鳥のモニタリング調査法

Techniques for Seabird Monitoring

2016 年 6 月 30 日　初版 1 刷発行

検印廃止
NDC 488.1

ISBN 978-4-320-05755-5

著　者　綿貫 豊・高橋晃周　© 2016
発行者　南條光章
発行所　**共立出版株式会社**
〒112-0006
東京都文京区小日向 4-6-19
電話　(03)3947-2511（代表）
振替口座　00110-2-57035
URL　http://www.kyoritsu-pub.co.jp/

印　刷　精興社
製　本　ブロケード

一般社団法人
自然科学書協会
会員

Printed in Japan